史宁中/著

第 **1** 辑

SHUXUE SIXIANG GAILUN
SHULIANG YU SHULIANG GUANXI DE CHOUXIANG

数学思想概论
数量与数量关系的抽象

东北师范大学出版社　长　春

图书在版编目（CIP）数据

数学思想概论. 第1辑，数量与数量关系的抽象/史宁中著. —2版. —长春：东北师范大学出版社，2015.3（2025.7重印）
ISBN 978-7-5681-0372-5

Ⅰ.①数… Ⅱ.①史… Ⅲ.①数学—思想方法—高等学校—教学参考资料　Ⅳ.①O1-0

中国版本图书馆 CIP 数据核字（2015）第 007019 号

□责任编辑：杨述春　刘晓军　　□封面设计：宋　超
□责任校对：余　天　　　　　　□责任印制：刘兆辉

东北师范大学出版社出版发行
长春净月经济开发区金宝街118号（邮政编码：130117）
网址：http：//www.nenup.com
东北师范大学出版社激光照排中心制版
河北省廊坊市永清县晔盛亚胶印有限公司
河北省廊坊市永清县燃气工业园榕花路3号（065600）
2015年3月第2版　2025年7月第3次印刷
幅面尺寸：170 mm×227 mm　印张：11.75　字数：130千

定价：35.00元

如发现印装质量问题，影响阅读，可直接与承印厂联系调换

前　言

这本书是为大学生写的,包括数学专业的大学生也包括非数学专业的大学生,我希望他们都能够读懂,都能有所收获.这本书强调的不是呈现清晰的数学知识,而是强调借助数学知识呈现清晰的数学思想,因为这不是一本数学的教科书而是一本数学思想的教科书.为了做到这一点,我按照自己的理解编排了以数学思想为核心的数学知识体系.

在这本书中,我们所说的数学思想不是指学习数学时所涉及的思想,比如,等量替换、数形结合、递归、转换等,也不是解数学题时所涉及的具体的思想方法,比如,合并同类项、配方法、换元法等.这本书中所说的数学思想是指数学发展所依赖、所依靠的思想.我认为,至今为止,数学发展所依赖的思想在本质上有三个:抽象、推理、模型,其中抽象是最核心的.通过抽象,在现实生活中得到数学的概念和运算法则,通过推理得到数学的发展,然后通过模型建立数学与外部世界的联系.我计划对每一个思想都进行较为详细的讨论,各自形成一个专题,最后再讨论数学的本质.作为写书的顺序,似乎应当先阐述数学的本质,然后再讨论数学的思想,但是我想,对于大学生来说,还是先了解数学的思

想然后再体会数学的本质可能会更好一些,因为这本书的教学目的是使大学生:

增长一些与数学有关的知识;

学会一些思考问题的方法;

提高一点撰写论文的能力.

至今为止,我刚写完数学第一个基本思想"抽象"中的第一部分,即数量与数量关系的抽象,可是许多读过草稿的同事就劝我先出版这一部分.之所以提出这样的建议,大概是嫌我写书太慢,等把计划的内容全部写完至少需要几年的时间,而现在写出这些内容还有些意义,对于了解数学能够有所帮助.我写书慢固然是因为工作忙,但更主要的原因是我对所要写的内容不够熟悉,必须要查阅大量的资料,经过认真思考后才敢落笔.不管怎么说,能够先出版一部分对于我也是一件好事情,我可以在写书的途中稍稍地休息一下.

我还特别希望,这本书对于工作在基础教育第一线的数学教师能够有所补益.最近修订的义务教育阶段数学课程标准,在传统的"双基"的基础上,又加上了数学的基本思想和基本活动经验,成为"四基",这是为了体现在义务教育阶段要培养学生的创新思维和实践能力.很显然,从思维方法考虑,我们提到的抽象、推理和模型都是培养创新思维和实践能力的关键,因而也是从数学角度实施素质教育的关键.同时,对于工作在基础教育第一线的数学教师来说,了解一些数学思想,有利于在教学过程中理清思想脉络,把握问题本质.

  由此可见,这本书所要讨论的问题本身是重要的,但我个人的理解有限,写出来仅供参考而已.

  我要特别感谢下面几位同仁:孔凡哲教授、刘万国教授帮我查找了数学史的有关资料;韩东育教授帮我查找了中国古代的有关资料;吴宇虹教授帮我查找了古巴比伦的有关资料;张强教授帮我查找了古希腊语和古英语的有关资料.我还要感谢东北师范大学出版社的杨述春女士,是她的强烈建议才使我下决心先出版一部分.

目录 CONTENTS

绪论 数学的抽象 /1

　一、抽象的含义与数学抽象的特点 /1

　二、抽象的层次性 /3

第一讲 数的表示 /4

　一、数量的本质 /4

　二、十进制记数系统的抽象过程分析 /5

第二讲 数的性质 /13

　一、各种进位记数法及其分析 /13

　二、数的性质及其研究历程 /18

第三讲 数的运算与扩张 /25

　一、加法法则的抽象过程分析 /25

　二、乘法、减法和除法法则的抽象过程分析 /29

　三、算术与代数 /32

第四讲 无理数的认识 /37

　一、无理数的发现历程回顾 /37

　二、对无理数发现历程的反思 /43

第五讲　数轴与直角坐标　/48

　　一、直观与数形结合的意义　/48
　　二、平面直角坐标下的直线　/51
　　三、距离与圆、椭圆、双曲线　/53
　　四、证明的几何直观　/57
　　五、利用直角坐标系的几何直观进行现实数据分析　/59

第六讲　微积分的产生　/63

　　一、微积分产生的背景　/63
　　二、微积分的思想分析　/66

第七讲　极限理论的建立　/76

　　一、从无穷问题到极限的表示　/76
　　二、极限的严谨理论形成历程中的两个困惑　/79
　　三、严谨的极限理论的抽象过程　/85

第八讲　实数理论的建立　/95

　　一、有理数的新定义　/96
　　二、基本序列方法　/100
　　三、戴德金分割方法　/102

第九讲　对应与集合大小的度量　/106

　　一、集合之间对应关系的历史考察　/106
　　二、自然数与有理数一样多　/108
　　三、连续统假设与反证法　/111

目 录

第十讲　复数的意义　/115

一、复数产生历史概述　/115

二、复数的运算　/117

三、代数基本定理　/119

四、数学归纳法　/121

五、复数的几何表示　/122

六、四元数　/125

第十一讲　随机变量与数据分析　/128

一、随机事件及古代的处理方式　/128

二、随机变量与概率　/132

三、数据分析　/138

四、统计学与数学的区别　/141

第十二讲　统计学的发展　/147

一、统计学的历史回顾　/147

二、整理数据的常见方法　/154

三、统计学的思想和方法　/162

人名索引　/174

绪论　数学的抽象

阅读提示

数学在本质上研究的是抽象了的东西,而这些抽象了的东西来源于现实世界,是被人抽象出来的.因此,真正的知识是来源于感性经验的,是通过直观和抽象而得到的,这种抽象是不能独立于人的思维而存在的.按照抽象的深度的不同,抽象可以区分为简约阶段、符号阶段、普适阶段.

一、抽象的含义与数学抽象的特点

关于"数学在本质上研究的是抽象的东西"这个命题,从古至今,无论是数学家还是哲学家几乎都没有异议.所谓抽象的东西是指脱离了具体内容的形式和关系,也正因为如此,数学才可能具有广泛的应用性,如《周易·系辞传》所说,"是故形而上者谓之道,形而下者谓之器".

但是,关于"数学所要研究的那些抽象的东西是如何存在的"这个问题却一直是争论的焦点.许多伟大的哲

> 柏拉图及其以后的许多学者认为经验是不可靠的，因此真正的知识应当建立在概念的基础上，而不是通过感官得来的.

人，包括柏拉图①和康德②，认为那些抽象的东西是脱离人的经验的，是在这个世界上已经"存在"的，因此，数学的任务是去感知，去发现. 柏拉图的依据是他的回忆理论，康德则说得更为明确，"纯粹数学是先天既定的，……是独立于经验的"。

事实上，正如现代的大多数数学家和哲学家所理解的那样，数学所要研究的那些"抽象的东西"是来源于现实世界，是来源于人的经验的，是人抽象出来的. 也正如恩格斯③在《反杜林论》中所阐述的：

> 纯数学是以现实世界的空间形式和数量关系，也就是说，以非常现实的材料为对象的. 这些材料以极度抽象的形式出现，这只能在表面上掩盖它起源于外部世界.

现在，在这本书中我们将要讨论的问题是：数学所要研究的那些"抽象的东西"是如何从非常现实的材料得到的. 显然，这个讨论涉及的是数学最为基本的东西，因而是数学最为本质的东西. 希望通过讨论能够达成一个共识：真正的知识是来源于感性的经验、通过直观和抽象而得到的，并且，这种抽象是不能独立于人的思维而存在的.

---

① 柏拉图（英译：Plato，希腊语：Πλάτων，公元前427～前347），古希腊哲学家. 他的有关数学的论述可参见罗素的《西方哲学史》.
② 康德（Immanuel Kant，1724～1804），德国哲学家，他的那段论述参见他的著作《未来形而上学导论》.
③ 恩格斯（Friedrich Engels，1820.11.28～1895.8.5），德国社会主义理论家及作家，马克思主义的创始人之一，马克思的亲密战友，国际无产阶级运动的领袖.

这个专题的重点是讨论数量和数量关系的抽象.对于数学来说,空间形式的抽象、论证形式的抽象和模型模式的抽象也是非常重要的,我们将在以后的专题中仔细讨论.

二、抽象的层次性

在这里,我想特别强调的是,对于非数学专业的学生,了解数学的抽象、培养抽象能力也是十分重要的.抽象是思维的基础,只有具备了一定的抽象能力,才可能从感性认识中获得事物(事件或实物)的本质特征,从而上升到理性认识.这是一个获取知识的过程,这也是一个研究的过程,这个过程对于所有学科的学习都是非常重要的.我想,就抽象的深度而言,大体上分为三个层次:

1. 把握事物的本质,把繁杂问题简单化、条理化,能够清晰地表达,我们称其为简约阶段. ◀第一个层次的抽象是极为重要的,但是在我们的教学过程中往往被忽略.

2. 去掉具体的内容,利用概念、图形、符号、关系表述包括已经简约化了的事物在内的一类事物,我们称其为符号阶段.

3. 通过假设和推理建立法则、模式或者模型,并能够在一般的意义上解释具体事物,我们称其为普适阶段.

第一讲　数的表示

阅读提示

数来源于对数量本质的抽象,数量的本质是多与少,因此,数字就是那些能够由小到大进行排列的符号.这个抽象过程经历了计数和符号两个阶段.能够形成十进制记数系统是人类的重大进步,其核心是十个符号加上位数准则.

为了讨论数的表示,就必须先讨论数量的本质,因为数是对数量的抽象,而抽象的核心工作是对本质的提炼和刻画.

一、数量的本质

我想,**数量的本质应当是多与少**,因为动物也能够分辨出多与少:一只狗对一只狼与一群狼的反应是不一样的.一本名为"数:科学的语言"[1]的书中描述了一个故事,这个故事表明动物对于数量的多少具有相当强的分辨能力.

---

[1] 丹齐克(Dantzing)著.数:科学的语言.苏仲湘译.上海:上海教育出版社,2001.

第一讲　数的表示

在欧洲某地庄园的望楼上有一个乌鸦巢,里面住着一只乌鸦.主人打算杀死这只乌鸦,可是几次都没有成功,因为他一走进这个望楼乌鸦就飞走,栖在远远的树上,直到他离开望楼才飞回来.后来他想了一个聪明的办法:两个人一起走进望楼,一个人出来,一个人留在里面.可是乌鸦不上当,直到第二人离开望楼才飞回来.主人不死心,连续试验了几天:三个人、四个人都没有成功.最后用了五个人,四个人走出来,一个人留在里面,现在乌鸦分辨不清了,飞了回来.

对于数量多少的感知,人应当强于乌鸦,不论乌鸦有多么聪明.由此可以推断,人类对于数量多少的感知可能比语言的形成还要早,但是,人类能够从数量的多少中抽象出数的概念却是非常不容易的.一些书中对此都有记载,比如《天空中的圆周率》[①]中提到,至今为止,一些原始部落依然没有系统的数字概念,那里的人们只能区分一、二和许多.究其原因,就是没有创造出计数系统.

◀据心理学的实验结果,如果不计数,人对多少的分辨也是在5左右.

二、十进制记数系统的抽象过程分析

从人类的发展历程来分析,十进制记数系统的抽象过程,经历了计数、符号两个层次的抽象.

第一步抽象:计数.

大多数的文明很早就会计数了(参见图 1.1,摘自

---

① 巴罗(Barrow)著.天空中的圆周率.苗华建译.北京:中国对外翻译出版公司,2000.

《数学史概论》[①]),但是,数字符号的发明可能要比文字符号的发明更晚一些.

古埃及的象形数字（公元前3400年左右）：

巴比伦楔形数字（公元前2400年左右）：

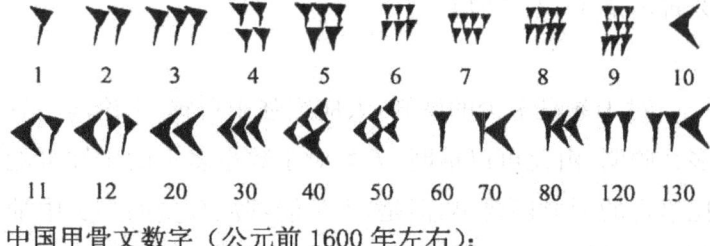

中国甲骨文数字（公元前1600年左右）：

希腊阿提卡数字（公元前500年左右）：

中国筹算数码（公元前500年左右）：

图1.1 几种古代的记数系统

[①] 李文林著.数学史概论.北京:高等教育出版社,2003.

第一讲　数的表示

有些人可能不同意这个意见,因为可以在甲骨文中发现许多数字.我想说的是,那些不是数字符号,也就是说,那些并不意味着已经把关于数量的感知抽象到数字符号.仔细看一下甲骨文就会发现,所有数字的背后都有着具体的背景:或者是田亩,或者是牛羊,这说明那些是关于与数量有关的事件的文字记载,或者说,是一种语言符号.在现代汉语中,有一些关于数量及其后缀名词的形式已经被根深蒂固地保留下来了,比如,一粒米、一条鱼、一只鸡、一个蛋、一匹马、一头牛、一支笔、一顶帽子、一件衣服、一条裤子等等.其中的"一"并不是数字符号,我们只能把这些理解为与数量有关的事件的记载.一粒米与一头牛是不可同日而语的,虽然都是数量"一"的具体例子.这里需要一个更为深刻的抽象,或者说是关于数量的第二步抽象.

第二步抽象:符号.

符号的表达必须摆脱具体内容,否则这种表达将不具有一般性,在这种表述基础上的计算和推理也将不具有普适性.因此,数字符号后面不能缀有名数,需要完全脱离具体的背景,否则,不可能一般地建立起关于"多少"的概念.2比1多,可是很难想象两粒米要比一头牛多.另一方面,从"多少"这一基本概念出发,可以自然而然地推导出这样一个事实:在一些东西上再加一些东西要比原来的"多",如果数字符号后面缀有名数,则很难表现出这

> 数字"2"表示的是两个单位,可以是两粒米,也可以是两头牛.

一事实.一粒米加上一头牛是什么呢?因此,数字符号只能是一些表示数量多少的符号,除了多少以外没有任何具体的含义,而每一个具体的事件都是这种表示的特例.

把那些所有表示数量的符号放在一起,则得到了一个集合,我们称这个集合为"数集".从上面的推断可以知道,这个数集中的符号之间至少要满足一种关系,那便是"多少",或者称之为"大小".为了做到这一点,就必须在这个数集中定义一个"序"的关系,我们可以称之为"大于".那么,数集中的任何两个符号之间都必须满足这种序关系.比如 a 和 b 是数集中的两个符号,则不是 a 大于 b 就是 b 大于 a;如果 a 大于 b 同时 b 也大于 a,则表示同一个符号,即 a 和 b 相等.显然,十进制的数字的集合满足这种序关系.容易验证,二进制的数字的集合也满足这种序关系.这样,我们便完成了对于数字符号的抽象:**数字是那些能够由小到大进行排列的符号**.

关键点一:进位.

因为数量可以无限制的多,于是数字符号也应当是无穷无尽的,我们将遇到一个天大的难题:必须用无穷多个符号来表示所有的数字.聪明的人类发明了进位,有些符号可以重复使用了.如果计数规则是十进制,那么,除了一到九的符号外,再创造出十进位基数的符号:在中国是十、百、千;在古罗马相应的是 X、C、M 等等.请注意到,在这个符号系统中,五十并不是指 50,而是指五个十;三万也不是指 30000,而是指三个一万.因此,这是一个由语言符号系统向完全数字符号系统的过渡的符号系统,可以称为**准数字符号系统**.这个准数字符号系统能够相当广泛地适用于人类的日常生活,因此被沿用至今.但是这个准数字符号系统有两个致命的弱点:一是不利于运算;二是不完备.

不利于运算是很好理解的,可以翻看一下中国宋代的数学名著《数书九章》[①],其中关于剩余定理、关于高次方程的求解方法是当时世界数学的顶峰,但是其逻辑推理过程和计算方法的记载实在是繁杂,使人望而生畏(参见第三讲的"算术与代数"部分).在欧洲也是这样,在欧洲的许多古老城市都矗立着纪念碑,上面雕刻的时间大多用的是古罗马数字符号系统,也是相当的繁杂.当然,如果我们是从美学的角度考虑,那么,就另当别论了.

◀ 比如3888,用汉字表示为三千八百八十八,用罗马字系统表示为 MMMDCCCLXXXVIII.

所谓不完备,是准数字符号系统在原则上依然需要创造无穷多个不同的符号.在汉字系统中,表示数字符号最大的基数是"兆",这是10的12次方,这确实是很大的数了,但是对于一个与信息有关的符号系统来说这却是远远不够的,今天我们随处可见的 PC 计算机,每分钟要处理的信息量就要大大超过这个基数.那么,如何来改善这个准数字符号系统呢?

关键点二:位数.

现在只需要再进行一个小小的创造,但是为了这个小小的创造,人类用了几个世纪.这个创造就是位数准则:数字符号在不同的"位"表示基数不同的量.可以回想我们的祖先发明的算盘,在算盘中,同样多的珠在不同的位置表示的量是不同的:两个珠在个位表示二,在十位表示二十.多么巧妙的设计!可是,如何通过数字符号来表达这个功能呢?可以看到,这就像算盘中的空档一样,只需要再发明一个符号:零.

◀ 算盘是计算工具,是实体的数学符号系统.

---

① 秦九韶(1202~1261),字道古,四川安岳人,著有《数书九章》.

"零"是印度人发明的,用 sunya 表示,原意是"空"。当今很有影响的印度哲学家奥修①(Osho,1931～1990)在分析自己的民族时说,印度是一个内向型的国家,因此在印度能够产生禅宗,印度的精神能够创造出有生命力的种子,但不能够给它们提供土壤.确实如此,印度人认为"空"是一种存在,甚至是绝对的存在,在佛学或者禅宗中,我们可以找到许多关于这方面的论述.

但是,在数学里,"0"是实实在在的存在,在数字符号系统中加上 0,一个有效并且简捷的十进制数字符号系统就建立起来了:**十个符号加上位数准则**.

后来阿拉伯人把这个数字符号系统带到了欧洲,于是这个数字符号系统在欧洲也流行起来,那已经是公元 10 世纪以后的事情了,现在人们仍然称这个数字符号系统为阿拉伯数. 意大利数学家斐波那契②(Fibonacci,约 1170～1250)是第一个著书向欧洲人介绍印度的十进制的,他的那本 1202 年出版的《算经》③开始就说:

这是印度的九个数码:9 8 7 6 5 4 3 2 1,还有一个阿拉伯人称之为零(zephirum)的符号 0,任何数都可以表示出来.

---

① 奥修(Osho,1931～1990),原名巴关·席瑞·罗杰尼希. Bhagwan(意即神,Lord),Shree(意即伟大,Great),Rajneesh(意即王,King). 现代最有影响力的思想大师之一. 他与释迦牟尼、甘地和尼赫鲁等一起被列为塑造印度命运的十大杰出人物. 他的书籍(其实都是他讲话录音的书面整理)被翻译成 20 多种语言,畅销世界各地.

② 斐波那契(Fibonacci, 又叫 Leonardo of Pisa,约 1170～1250),中世纪最杰出的数学家. 曾到北非师从阿拉伯人学习算学,随父亲旅行到埃及、西西里、希腊和叙利亚,接触到东方和阿拉伯的数学实践. 游历过地中海与中亚细亚各民族的文化中心. 发现印度 - 阿拉伯数字是最好的记数符号.

③ 原文"Liber Abaci",也有的学者翻译为《算盘书》,参见:梁宗巨著. 世界数学通史(第二版). 沈阳:辽宁教育出版社,2001.

第一讲 数的表示

马克思①终生喜爱研究数学,在《数学手稿》②中他称赞十进制记数法是"最妙的发明之一". 关于十进制记数系统,法国数学家拉普拉斯③(Laplace,1749～1827)有一段非常精彩的阐述④:

用十个记号来表示一切的数,每个记号不但有绝对的值,而且有位置的值,这种巧妙的方法出自印度. 这是一个深远而又重要的思想,它今天看来如此简单,以致我们忽视了它的真正伟绩. 但恰恰是它的简单性以及对一切计算都提供了极大的方便,才使我们的算术在一切有用的发明中列在首位;而当我们想到它竟逃过了古代最伟大的两位人物阿基米德和阿波罗尼斯的天才思想的关注时,我们更感到这成就的伟大了.

可惜在那个时代,拉普拉斯对于中国还不十分了解,于是把这项发明完全归功于印度. 许多史料表明,更早使用了十进制记数法的是中国,正如吴文俊⑤所说⑥:

---

① 马克思(Karl Marx,1818.5.5～1883.3.14),出生于德国特利尔城,去世于英国伦敦. 哲学家,革命理论家,经济学家,马克思主义的创始人,著有《资本论》《共产党宣言》等著作.
② 见:中译本:马克思.数学手稿.北京大学《数学手稿》编译组.北京:人民教育出版社,1975.
③ 拉普拉斯(Laplace,Pierre-Simon,marquisde,1749～1827),法国著名数学家和天文学家,天体力学的主要奠基人,天体演化学的创立者之一,分析概率论的创始人,应用数学的先驱. 拉普拉斯用数学方法证明了行星的轨道大小只有周期性变化,这就是著名的拉普拉斯定理. 他发表的天文学、数学和物理学的论文有270多篇,专著合计有4006页之多. 其中最有代表性的专著有《天体力学》《宇宙体系论》和《概率分析理论》.
④ 见:中译本:拉普拉斯著. 宇宙体系论. 李珩译. 上海:上海世纪出版集团,2001.
⑤ 吴文俊,1919年5月12日生于上海,世界著名数学家,中国科学院数学与系统科学研究院系统科学研究所研究员、名誉所长,中国数学会名誉理事长,中国数学机械化研究的创始人之一,现任中国科学院院士,第三世界科学院院士.
⑥ 参见:吴文俊. 吴文俊论数学机械化. 济南:山东教育出版社,1995.

位值制的数字表示方法极其简单,因而也掩盖了它的伟大业绩.它的重要作用与重要意义,非但为一般人们所不了解,甚至众多数学专家对它的重要性也熟视无睹.而法国的数学家拉普拉斯则独具慧眼,提出算术应在一切有用的发明中列首位.中华民族是这一发明当之无愧、独一无二的发明者.这一发明对人类文化贡献之巨,纵然不能与火的发明相比,至少是可与文化史上我国的四大发明相媲美的.中华民族应以出现这一发明而引以自豪.

人类从数量的多少中抽象出数的概念,并且用十个符号来表示,这不仅是对于数学,即便是对于人类文明的发展的贡献也都是巨大的.同时,这些符号的出现也是自然的,是合情合理的,于是,人们称这个数字符号系统为自然数集,我们用 N 表示自然数集.

> 这里所说的自然数是指正整数.

关于数,德国数学家克罗内克[①](Kronecker,1823～1891)有一句名言:"上帝创造了自然数,其余的都是人的工作."他一方面是在表述自然数的重要,一方面在表示对于其他"数"的理解的苦恼.下面我们将会看到苦恼之所在.

---

① 克罗内克(Kronecker,Leopold,1823～1891),德国数学家,1845 年毕业于柏林大学,获哲学博士学位.1883 年成为柏林大学教授.1861 年被选为柏林科学院院士,1884 年被选为英国皇家学会会员.他还是法国科学院和彼得堡科学院的院士.主要研究代数和数论,特别对二次型理论和椭圆函数的研究取得较大成就.曾与维尔斯特拉斯函数论学派、康托集合论学派进行长期论战.主要著作有《代数值纯算术理论基本特点》(1882)、《数论》(1887)等.

第二讲 数的性质

阅读提示

各种记数规则的确立,都是与人们的日常生活以及生产实践密切相关的,是在人类长期的历史进程中自然形成的.对于数学来说,无论是采用哪种记数方法得到的结果都是一样的,因此,人们才可能放心大胆地使用计算机,因为计算机用的是二进制记数法.人类从经验中抽象出数,一方面把数以及数的运算应用到生活和生产实践中,另一方面,也许是因为好奇心或者理性思维,对数本身进行研究.

一、各种进位记数法及其分析

记数规则的确立,是与人们的日常生活以及生产实践有关的,是在人类长期的历史进程中自然形成的.几乎所有的学者都确信,十进制的确立是因为人有十个手指头,正如中国的一句熟语所说:"屈指可数."事实上,人们还发明过其他的记数方法,比如现在仍然在使用着的十二进制和六十进制.

◀ 历史上还曾经出现过二十进制,但现在已经不被使用了.

十二进制的发明大概与历法有关,因为制订历法的依据是气候周而复始的变化,恰巧几乎所有的古代文明

> 中国的古代历法以月亮的变化为基础,因此被称为阴历.现行的历法是依古罗马以太阳变化为基准,被称为阳历.但是阳历把一年定为十二个月显然是受阴历的影响.

的发祥地都具有季节分明的气候条件.根据气象更新,人们很早就知道一年有 365 天或者 366 天,比如,古巴比伦人确认:太阳年为 365 天,太阴年为 354 天或者 355 天.中国《尚书·尧典》则说,"期三百有六旬有六日",即一年的周期有 366 天.进一步,人们根据月亮的盈亏,把一年分为十二个月.在中国的古代历法中规定一年十二个月中有六个月为大月三十天,有六个月为小月二十九天,这样计算一年有 354 天,比实际少 12 天①,因为三年累计要差一个月以上的时间,所以过三年就要有一个闰月使得历法与自然季节吻合,《尚书·尧典》中说的"以闰月定四时成岁"就是这个意思②.关于时间的计算,古希腊伟大的历史学家希罗多德③(Herodotus,约公元前 484～前 425)在他著名的《历史》这本书中有一段精彩的描述,是雅典人梭伦在回答吕底亚国国王克洛伊索斯关于幸福的对话④:

> 我看一个人活到七十岁也就算够了.在这七十年中间,若不把闰月计算在内的话,共有两万五千二百天.若

---

① 实际上,四季循环的周期大约 365 天又 $\frac{1}{4}$ 天,因此,一年大约相差 11 天又 $\frac{1}{4}$ 天.

② 在古汉语中"岁"与"年"的含义是不一样的,岁是指某一节气(比如春分)到第二年这个节气的这段时间,年是指正月初一到下一个正月初一的这段时间,参见:王力主编.古代汉语:第 3 册.北京:中华书局,1999.

③ 希罗多德(Herodotus of Halicarnassus,约公元前 484～前 425),诞生在小亚细亚西南海滨的一座古老的城市,古希腊伟大的历史学家.从古罗马时代开始,希罗多德就被尊称为"历史之父",这个名称也一直沿用到今天.后期他将主要精力用于写作《历史》.可惜的是《历史》并没有最终完稿.他于公元前 425 年在意大利南部的塔林敦湾沿岸的图里翁城邦离开了人间.《历史》在希腊史学史上是第一部真正意义上的历史著作,内容丰富,宛如古代社会一部小型百科全书,是西方史学上的第一座丰碑,为西方历史编纂学开辟了一个新时代.

④ 参见:中译本:历史.王嘉隽译.北京:商务印书馆,1959.

第二讲 数的性质

是像季节准时到来那样地每隔一年再加上一个闰月,则在七十年以外,还要有三十五个这样的月份,这样就得再加上一千零五十天.这样在七十年当中总的天数就是两万六千二百五十天了;然而可以说绝对没有一天的事情会和另一天的事情完全一样.

希罗多德的计算肯定是错误的,因为 $26250 \div 70 = 375$(天),按照他的计算每年大约多了 10 天.但是可以看到,至少到了公元前 5 世纪,人们对于一年十二个月以及闰月的历法已经相当熟悉了.

最让人惊讶的是,无论是古巴比伦文化还是古代中国都认真地研究了黄道①,并且都把黄道分为十二个区域:一方面与一年十二个月对应,一方面与天空中的星座对应.大约是公元前 5 世纪左右,古巴比伦人发明了黄道十二宫,即用十二个星座与黄道的十二个区域对应,后来传播到古希腊、埃及、罗马和印度②,这促进了后来占星术的发展,一直影响到今天.英语"思考"一词"consider"就是与星辰有关联的,这个词来自拉丁文 considerare,是由一个介词 cum(和、与)与名词 sidus(星辰)复合而成,因此直译为"与星辰在一起".

中国古代崇尚天、地、人和谐统一,于是热衷于对天文的研究,为了记录和交流的方便,他们在天空中设定了坐标,这就是二十八个星宿,东南西北各七个,正如《史

---

① 古人普遍认为太阳围绕地球而行,黄道是指太阳围绕地球在空中运行的轨迹.
② 参见:H. Hungei and D. Pingree, *Astral Sciences in Mesopotamia*, Leiden, 1999.

记·天官书》说:"天则有列宿,地则有州域."古代中国人把黄道由西向东划分十二等分,称之为十二次,并用二十八星宿中最近的星宿与之对应①.

需要指出的是,十二进制在本质上只限于对与季节周期有关、与时间周期有关的表述,虽然在英美等一些国家在某些场合还以十二为单位进行计算,比如称十二个鸡蛋为"一打"或者"一罗"(gross),但是在英文中"十二"这个词 twelve 是由古英语 twalif 演变而来的②,而后者含有"漏掉两个"的意思,于是我们发现了十进制记数的痕迹.

关于使用六十进制记数法的原因众说纷纭,没有一个合理的解释③.据李文林④在《数学史概论》中分析,利用古巴比伦人六十进制的表达方式"对分数跟对整数一样能够运算自如,而不像古埃及人那样受着单位分数的束缚".不管原因如何,古巴比伦人确实在使用六十进制记数方法,仔细分析图 1.1 中的古巴比伦楔形文字就可以知晓,这至少可以追溯到公元前 3200 年到公元前 2900 年的乌鲁克时代⑤.在现代时间的表达中六十进制被普遍采用了,这可能是受了圆的刻度表达的影响.如果是这

---

① 参照:《汉书·律历志》和《淮南子·天文调》,王力在他主编的《古代汉语》第三册中给出了十二次与星宿的对应表.
② 参见:巴罗著.天空中的圆周率.苗华建译.北京:中国对外翻译出版公司,2000.
③ 梁宗巨著的《世界数学通史》对此有专题讨论.
④ 李文林,1942 年生,中国科学院数学研究所研究员,中国数学会数学史分会负责人,中国科学技术史学会常务理事,国际数学史委员会委员.
⑤ 参见:R. Englund, Mesopotamiem(OBO 160/1), Universitatsverlag Freiburg Schwez,1999:118~119.

第二讲 数的性质

样,那么,要归功于对中世纪的欧洲产生巨大影响的、古希腊的科学家托勒密①(Ptolemy,约 90~168). 托勒密在他的名著《天文学大成》中把圆周划分为 360 度,每度 60 分,每分 60 秒,这个划分沿用至今.

▶托勒密给出了以地球为中心的行星运行图,他的"地心说"得到中世纪欧洲的普遍认同.

许多资料显示,古巴比伦人既通晓计算季节的十二进制记数法,也通晓计算数量的十进制记数法. 我想,或许古巴比伦人创造六十进制记数法是用了 10 与 12 的最小公倍数 60,我这样思考是受了中国干支纪年法的启发. 干又称天干,是指岁阳,见《尔雅·释天》,即

甲 乙 丙 丁 戊 己 庚 辛 壬 癸;

支又称地支,是指太岁,与对应黄道十二次的星宿有关,即

子 丑 寅 卯 辰 巳 午 未 申 酉 戌 亥.

这样天干与地支组合:天干的单数配地支的单数;天干的双数配地支的双数,正好是 10 与 12 的最小公倍数 $2×5×6=60$. 从东汉至今,六十甲子周而复始,干支纪年法没有中断②.

▶中国传统的纪年是用年号,因此是没有连续性的.

虽然我们讨论了几种进位记数法,但是对于数学来说,无论是采用哪种记数方法得到的结果都是一样的,也

---

① 克罗狄斯·托勒密(Claudius Ptolemaeus,英文 Ptolemy,约 90~168),古希腊地理学家、天文学家、数学家,生于埃及,父母都是希腊人. "地心说"的集大成者,《天文学大成》(又称《大综合论》13 卷)主要论述了他创立的地心说,他是世界上第一个系统研究日月星辰的构成和运动方式并作出成绩的科学家. 此书被尊为天文学的标准著作,直到 16 世纪哥白尼的日心说发表,地心说才被推翻. 他的另一重要著作是《地理学指南》(8 卷). 他对几何学也有研究,还著有《光学》(5 卷)等. 他的一生著述甚多.

② 参见:王力主编. 古代汉语:第 3 册. 北京:中华书局,1995.

正因为如此,人们才能放心大胆地使用计算机,因为计算机用的是二进制记数法.下面我们以二进制和十进制为例,简单地说明这个道理.

采用现代的数学符号,十进制表达的自然数是指,第一个位数是 $1=10^0$,第二个位数是 $10=10^1$,第三个位数是 $10\times10=10^2$,第四个位数是 $10\times10\times10=10^3$,等等,这样的数被称为基底.任何一个十进制自然数都可以用这样的基底表示,比如 2684 可以被表示为

$$2684 = 2\times10^3 + 6\times10^2 + 8\times10^1 + 4\times10^0.$$

而二进制记数法中的符号只有两个,如 0 和 1;考察对象的数量是 2 或者 2 的倍数就要进位.比如,有一个东西记为 1,有两个东西记为 10,有三个东西记为 11,有四个东西记为 100,等等.显然,二进制的基底为 $2^0, 2^1, 2^2, 2^3$,等等,二进制记数的 1011 就可以表示为

$$1011 = 1\times2^3 + 0\times2^2 + 1\times2^1 + 1\times2^0.$$

▶ 这个方法适用于任何进制的记数法,因此,进制不是数字符号的本质.

通过基底容易计算上面的二进制记数换算为十进制记数是 11.二进制是最简单的记数方法,只需要设定两种状态(比如正向电流和负向电流),就可以表达一切数,实在是简单,这就是计算机采用二进制记数的主要原因.如果采用十进制记数,就必须设定十种状态,这在电磁学上几乎是不可能实现的.

二、数的性质及其研究历程

人类从经验中抽象出数,一方面把数以及数的运算应用到生活和生产实践中;一方面,也许是因为好奇心或

第二讲 数的性质

者理性思维,对数本身进行研究.

人们发现数可以分为两类,一类是奇数,另一类是偶数.人们又发现了数的最基本元素"素数":只能被1或者自身整除的数,比如2,3,5等,并且发现,任何一个数都可以表示为若干个素数的乘积的形式,比如15＝3·5,60＝2·2·3·5,其中"·"表示乘法,并且这种表示方法是唯一的,也就是说60与(2^2,3,5)这个由素数构成的数组之间是一一对应的.于是,人们认为素数是最基本的数,更加强了对素数的研究.

关于素数,最直接的问题就是:素数是否会有无限多个?很显然,这个命题的等价命题是:不存在最大的素数.据说这个命题的最初证明是欧几里得[①]给出的,他利用了反证法:假设存在最大的素数,不妨设这个素数为 p. 令 $p!$ 表示所有小于等于 p 的素数的乘积,那么,$p!$ 就

◀ 本书第九讲讨论了反证法的证明基础和证明逻辑.

资料图片

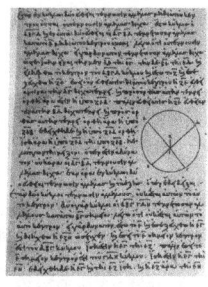

公元888年希腊文手抄本《原本》第一页,现藏英国牛津大学博德利(Bodleian)图书馆.

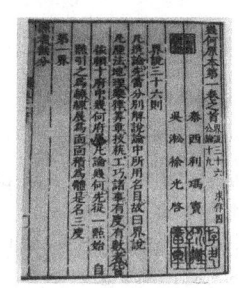

公元1607年利玛窦、徐光启汉译本《原本》首页.

---

① 欧几里得(Euclid of Alexandria,约公元前330～前275),古希腊最享有盛名的数学家,以其所著的《几何原本》(简称《原本》)闻名于世.他将公元前7世纪以来希腊几何积累起来的丰富成果整理成一个严密的逻辑系统,使几何学成为一门独立的、演绎的科学.除了《几何原本》之外,他还有不少著作,可惜大都失传.《已知数》是除《原本》之外唯一保存下来的他的希腊文纯粹几何著作,体例和《原本》前6卷相近,包括94个命题.

是一个能够被所有素数整除的数,因此 $p!+1$ 是一个素数.因为 $p!+1$ 除以任何素数都必然余 1.但是 $p!+1$ 大于 p,这就与"p 是最大的素数"这个假设出现了矛盾,所以"不存在最大的素数"这个命题正确.这个证明过程是符合人们思维常理的,我们在另一个专题中再认真讨论这种论证方法的合理性.

因为陈景润①(1933~1996)的原因,几乎每一个中国人都知道的哥德巴赫②猜想就是描述偶数与素数之间的关系:任意一个偶数可以表示为两个素数之和.比如:$4=2+2,6=3+3,8=3+5,10=3+7$,等等.人们利用计算机已经对小于 1 亿的所有偶数都进行了验证,结果显示这个猜想是对的,但是在严格证明之前,猜想依然是猜想.

谈到对于数的认识,必然要提到古希腊数学家毕达哥拉斯③(Pythagoras,约公元前 580~约前 500),因为他

▶ 人们形象地称这个问题为 1+1,即一个素数加另一个素数.陈景润证到 1+2,即一个素数加另外二个素数的乘积,离最终结果还有一步之遥.

---

① 陈景润(1933~1996),中国科学院院士,中国现代数学家.1933 年 5 月 22 日生于福建省福州市.世界著名解析数论学家之一.
② 哥德巴赫(Goldbach,Christian,1690~1764),出生于德国,1725 年担任彼得堡科学院院士.1742 年提出著名的哥德巴赫猜想.
③ 毕达哥拉斯(Pythagoras,约公元前 580~约前 500),古希腊哲学家、数学家、天文学家.出生于萨摩斯,泰勒斯的学生,曾游学埃及,最后定居于意大利南部的克罗多尼城.他在克罗托内建立了一个政治、宗教、数学合一的秘密团体——毕达哥拉斯学派,这学派很重视数学,企图用数学来解释一切,他们还发现五种正多面体.毕达哥拉斯本人以发现勾股定理(西方称毕达哥拉斯定理)而著名,这一定理早已为巴比伦人和中国人所知,不过最早的证明可归功于毕达哥拉斯学派.在《几何原本》中记载了勾股定理证明.毕达哥拉斯还是音乐理论的鼻祖,他阐明了单弦的乐音与弦长的关系.在天文方面,首创地圆说.毕达哥拉斯的思想和学说对希腊文化有巨大影响.

第二讲 数的性质

对数的近乎宗教的崇拜,罗素①在他的《西方哲学史》②中说:

  自从他以来,而且部分由于他的缘故,数学对哲学的影响是既深刻又不幸.数学是我们得以信仰永恒而严格真理的主要源泉,也是得以信仰存在一个超感而可知世界的主要源泉.

  毕达哥拉斯建立了一个学派.毕达哥拉斯学派认为大于1的奇数代表男性,偶数代表女性.因为5是第一个男性数与女性数之和,因此,5象征男女的结合.他们认为,如果一个数所含有因数之和正好等于这个数,那么,这个数就是一个完满数,第一个完满数是6,因为6所含有的因数是1,2,3,而 $6=1+2+3$.后来,圣奥古斯丁③在他的《天堂》一书中说:"虽然上帝能够在瞬间创造世界,但为了表现天地万物的完满,他还是用了6天."容易验证,第二个完满数是28:1,2,4,7,14,能够整除28,而这些因数之和又等于28.现在人们得到的最大的完满数是一个130000位数,回想我们刚才说过的数字符号中的基数"兆",是10的12次方,仅仅是一个12位数,可见这个完满数之大.这个完满数可以表示为两个数之积:

$$2^{216090} \times (2^{216091}-1).$$

---

① 伯特兰·罗素(Bertrand Russell,1872~1970),英国著名哲学家、数学家、逻辑学家,分析学的主要创始人,世界和平运动的倡导者和组织者,也是20世纪西方最著名、影响最大的学者和社会活动家.生于英国威尔士莫矛斯郡特雷莱克一个贵族世家.从青年时代起,积极参加社会、政治活动,追求并捍卫社会主义.获得1950年诺贝尔文学奖.
② 罗素著.西方哲学史.何兆武,李约瑟译.北京:商务印书馆,1963.
③ 圣奥古斯丁(St. Augustine,354~430),罗马帝国非洲领地希波主教,基督教思想家.

至今为止,人们得到的完满数都是偶数,于是可以提出猜想:所有的完满数都是偶数.问题是简洁的,但是证明却可能是相当艰难的,或许不亚于对于哥德巴赫猜想的证明.

毕达哥拉斯学派认为"万物皆数也". 因为他们把所有的事情都与数字联系在一起,最为生动而且影响深刻的例子是,他们发现可以把音乐归结为数与数的关系:两个绷得一样紧的弦,如果一根是另一根长的二倍,就会产生和谐的声音,这两个音相差八度;如果两个弦长的比为 3∶2,则会产生另一种和谐的声音,这两个音相差五度. 由此可以得到一般的结论:音乐的和声在于多根弦的长度成整数比,比如,三根弦的弦长比为 3∶4∶6,这样,他们发明了音阶.《费马大定理》[①]这本书中生动地描述了毕达哥拉斯发现音乐和声规律的故事:

> 真是天赐好运,他碰巧走过一个铁匠铺,除了一片混杂的声响外,他听到了锤子敲打着铁块,发出多彩的和声在其间回响. 毕达哥拉斯立即跑进铁匠铺去研究锤子的和声.……他对锤子进行分析,认识到那些彼此间音调和谐的锤子有一种简单的数量关系:它们的质量彼此之间成简单比,或者说简分数. 就是说,那些重量等于某一把锤子重量的 $\frac{1}{2}$, $\frac{1}{3}$ 或者 $\frac{1}{4}$ 的锤子都能产生和谐的声音.

---

① 辛格(Singh)著. 费马大定理. 薛密译. 上海:上海译文出版社,1998.

第二讲 数的性质

我们在同样的碗里注入成比例容量的水,大概也能产生这样的效果.在中国,一个类似的定音阶的方法被称为"三分损益法",这个方法记载在《管子》①一书中,并命名得到五声音阶:宫、商、角、徵、羽,从时间上推算,这比毕达哥拉斯至少要早一百多年.

毕达哥拉斯学派认为,可以用整数或者整数的比来度量一切事物,因此当他们中的一员发现边长为 1 的正方形的对角线不可公度时,他们把他扔到了海里②.

后来,关于数的性质的研究逐渐形成了一门被称为"数论"的学科,我国近代有许多数学家,比如华罗庚③(1910~1985)、王元④、潘承洞⑤(1934~1997)、陈景润等,都在这个学科中作出过杰出的贡献.2006 年菲尔兹奖的

---

① 《管子》,相传作者是管夷吾.管夷吾(公元前 730~前 645),又名敬仲,字仲,安徽颖上人,春秋时期齐国著名政治家,曾任齐国上卿(丞相).

② 见:克莱因(M. Kline)著.数学:确定性的丧失.李宏魁译.长沙:湖南科学技术出版社,1997.

③ 华罗庚(1910~1985),中国现代数学家.1910 年 11 月 12 日生于江苏省金坛县,1985 年 6 月 12 日在日本东京逝世.1924 年初中毕业后,在上海中华职业学校学习不到一年,因家贫辍学,刻苦自修数学.1930 年在《科学》上发表了关于代数方程式解法的文章,受到熊庆来的重视,被邀到清华大学工作,在杨武之指引下,开始数论的研究.华罗庚是在国际上享有盛誉的数学家,被选为美国科学院国外院士,第三世界科学院院士,联邦德国巴伐利亚科学院院士.在解析数论、矩阵几何学、典型群、自守函数论、多复变函数论、偏微分方程、高维数值积分等广泛数学领域中都作出卓越贡献.共发表专著与学术论文近三百篇(部),还亲自去 27 个省市普及应用数学方法长达二十年之久,为经济建设作出了重大贡献.

④ 王元(1930~   ),1930 年 4 月 30 日生于浙江兰溪,1952 年毕业于浙江大学.著名数学家,华罗庚数学奖得主.中国科学院数学研究所研究员.曾任研究室主任、数学所所长、所学术委员会主任、中国数学会理事长.1980 年当选为中国科学院院士(当时称学部委员).解析数论是他的主要研究领域.师从华罗庚研究数论及应用.

⑤ 潘承洞(1934~1997),1934 年 4 月生于江苏省苏州市.数学家、中国科学院院士.1961 年在北京大学数学力学系研究生毕业后到山东大学任教.1986 年起至 1997 年去世前,一直担任山东大学校长.曾任山东省科学技术协会主席,中国数学学会副理事长,国家自然科学基金委员会数学学科评审组组长.

得主陶哲轩[①]的重要工作之一就是关于素数性质的研究,菲尔兹奖[②]被誉为数学界的诺贝尔奖.

---

① 陶哲轩(Terence Tao,1975~),澳大利亚籍华人,现任加利福尼亚大学洛杉矶分校教授.
② 菲尔兹奖是以已故的加拿大数学家、教育家 J. C. 菲尔兹(John Fields,1863~1932)的姓氏命名的. 菲尔茨奖是最著名的世界性数学奖,由于诺贝尔奖没有数学奖,因此,也有人将菲尔茨奖誉为数学中的"诺贝尔奖". 菲尔兹奖的一个最大特点是奖励年轻人,只授予 40 岁以下的数学家,即授予那些能对未来数学发展起到重大作用的人.

第三讲　数的运算与扩张

阅读提示

关于数的运算的知识是人们在日常生活和生产实践的经验中抽象出来的,并且逐渐形成了"法则". 数的运算法则是重要的,如果让人类重新开始建立数学,那么,建立起来的新的数学会有多少与现在的数学是一样的呢? 大概运算的法则是一样的,其他的就不好说了. 在四则运算法则的抽象中,第二步抽象的结果在形式上是美妙的,但第一步抽象却是更为重要,因为第一步抽象发现的是真的知识,而第二步抽象是合理地表达了新的知识. 加法是"+1"的复合,即从1+1出发,可以推导出所有自然数的加法. 乘法在本质上是一类特殊的加法,是数自相加的缩写. 减法是加法的逆运算,减法是通过加法来定义的. 除法是乘法的逆运算,是通过乘法来定义的. 第一个有意识地使用字母来表示抽象运算的是法国数学家韦达. 人们可以像对"数"那样对"符号"进行运算,并且,通过符号运算得到的结果是具有一般性的.

一、加法法则的抽象过程分析

与数的符号表示一样,关于数的运算的知识也是人们在日常生活和生产实践的经验中抽象出来的,并且逐渐形成了"法则". 加法是所有运算的基础,我们先讨论加法法则是如何被抽象出来的.

(一) 抓住本质

我们已经谈到,数量的本质是多与少,而多与少的最简单形式是多一个或者是少一个,正如《老子》中所说:"道生一,一生二,二生三,三生万物,万物负阴而抱阳,冲气以为和."因此,加法的核心是加 1. 美籍华人数学家项武义[①]说,**加法是"+1"的复合**,是有道理的.

从 $1+1$ 出发,可以推导出所有自然数的加法,比如, $2+2=4$. 据彭加勒的著作《科学与假设》[②]一书记载,下面的证明是德国哲学家、数学家莱布尼茨[③]给出的. 顺便说一句,罗素在他的《西方哲学史》中评价莱布尼茨:千古绝伦的大智者,但是完全欠缺那些崇高的哲学品德.

证明:从 1 出发,对于给出的自然数数 a,规定 $a+1$ 为 a 后面的序数,比如

$$1+1=2, \quad 2+1=3, \quad 3+1=4.$$

因为 $a+2=(a+1)+1,$

---

① 参见:项武义著. 基础代数学. 北京:人民教育出版社,2004.
   项武义,1938 年出生于浙江省温州市,美国加州大学伯克莱分校教授.
② 彭加勒著. 科学与假设. 叶蕴理译. 北京:商务印书馆,1930.
   彭加勒(Jules Henri Poincare,1854～1912),法国数学家、物理学家.
③ 哥特弗利德•威廉•莱布尼茨(Gottfried Wilhelm Leibniz,1646～1716),出生于莱比锡,德国近代哲学的始祖,数学家和自然科学家. 17、18 世纪之交德国最重要的数学家、物理学家和哲学家,一个举世罕见的科学天才,和牛顿同为微积分的创建人. 他博览群书,涉猎百科,对丰富人类的科学知识宝库作出了不可磨灭的贡献. 他一生没有结婚,没有在大学当教授. 他平时从不进教堂,因此,他有一个绰号 Lovenix,即什么也不信的人.

第三讲 数的运算与扩张

所以 2+2 =(2+1)+1
      =3+1
      =4.

但是,正如彭加勒所说,这不是真的证明,这不过是验证而已.莱布尼茨的工作还只是经验基础上的推理,如果要明确地表述加法,还需要进一步的抽象.

(二)给出一般

经过几千年对于加法运算的使用,人们最终希望能够给出严格的表述,这就需要建立起在符号意义上的算律.18世纪最伟大的数学家欧拉①做了许多基础性的工作,后来,意大利逻辑学家、数学家皮亚诺②(Peano,1858~1932)建立了自然数的序数理论.

◀ 这些规则是在实数理论建立以后才给出的,而实数理论是在微积分被发明以后才建立起来的.详见后几讲的讨论.

现在我们定义加法运算.令 **N** 是由自然数的全体构成的集合,显然 1∈**N**.回忆我们对自然数的定义:是那些

资料图片

瑞士法郎上的欧拉

---

① 欧拉(Leonhard Euler,1707~1783),瑞士数学家、天文学家、物理学家,一生著作甚多,有《全集》74卷.
② 皮亚诺(Giuseppe Peano,1858~1932),意大利数学家、逻辑学家.1858年8月27日生于意大利库内奥附近斯平里塔,1932年4月20日卒于都灵.1876年入灵大学学习,于1880年毕业,留校任教,后升任教授.他是数理逻辑和数学基础的先驱,为数理逻辑这个新学科提出了一个清晰的概念,而且为数论提出了五个简单的公理(即皮亚诺公理).

能够由小到大进行排列的符号.因此,基于"＋1"的经验,对 $a,b \in \mathbf{N}$ 规定运算 $a+b$ 表示在 a 的后面增加 b 个的序数,如果这个序数为 c,则称 c 为 a 与 b 的和,求和的运算叫做加法,记为 $a+b=c$. 可以验证加法运算满足下面三条:

1. 封闭性:如果 $a,b \in \mathbf{N}$,则 $a+b \in \mathbf{N}$;

2. 交换律:$a+b=b+a$;

3. 结合律:$(a+b)+c=a+(b+c)$.

第一条表示自然数集 $\mathbf{N}$ 对于加法运算是封闭的,后两条被称为算律,也是人们从长期使用加法的经验中抽象出来的.下面我们来验证结合律:按照定义,一个数＋$(b+c)$ 是在这个数的后面增加 $(b+c)$ 个的序数,也就是先增加 b 个再增加 c 个的序数,因此有

$$a+(b+c)=(a+b)+c,$$

这说明结合律是成立的.

▶ 在许多书中,是用数学归纳法来证明结合律的.

有许多学者对于这种形式化了的运算表示不满,德国数学家亥姆霍兹[①](Helmholtz,1821~1894)在他的《算与量》中说,只有经验才能告诉我们算术的加法法则可以用在哪里,比如:一个雨滴与另一个雨滴相加并不能得到两个雨滴;两份等体积的水混合,一份温度为 40 度,一份温度为 50 度,但是不可能得到温度为 90 度的水.法国大

---

① 亥姆霍兹(Helmholtz,Hermannvon,1821~1894),德国物理学家、生理学家.不仅对医学、生理学和物理学有重大贡献,而且一直致力于哲学认识论.他确信:世界是物质的,而物质必定守恒.1887 年,亥姆霍兹任德国国家科学技术局主席.

数学家勒贝格[①](Lebesgue,1875~1941)更是调侃道,你把一头狮子和一只兔子关在一个笼子里,最后笼子里绝不会还有两只动物.

二、乘法、减法和除法法则的抽象过程分析

下面,我们讨论如何通过加法运算推演出其他的运算.

（一）乘法

乘法在本质上是一类特殊的加法,**乘法是数自相加的缩写**,$3×2$ 表示两个 3 相加.一般地,对 $a,b\in \mathbf{N}$,规定乘法运算 $b·a$ 表示 a 个 b 相加,因此乘法具有与加法类似的算律,满足：

1. 封闭性：如果 $a,b\in \mathbf{N}$,则 $a·b\in \mathbf{N}$；
2. 交换律：$a·b=b·a$；
3. 结合律：$(a·b)·c=a·(b·c)$；
4. 分配律：$(a+b)·c=(a·c)+(b·c)$.

（二）减法

减法是加法的逆运算.因为可能出现负整数,需要把运算的集合扩大,从自然数集合 $\mathbf{N}$ 扩张到整数集合 $\mathbf{Z}$.整数集合包含正整数（自然数）,0 和负整数.据记载,负数也是印度人首先引入的,是为了表示负债.大约在公元

---

① 勒贝格(Lebesgue,Henri Lon ,1875~1941),法国数学家.1875 年 6 月 28 日生于博韦,1941 年 7 月 26 日卒于巴黎.勒贝格的主要贡献是测度和积分理论.

628年左右,印度数学家婆罗摩笈多[①]最早给出了负数的四则运算.

需要指出的是,印度人称数学为ganata,意思是计算的科学.在中国是类似的,中国与数学有关的最古老的著作是《周髀算经》[②]和《九章算术》[③],其中"算经"和"算术"的意思显然是计算的技术.古代中国与古印度重视的是计算的法则而不是逻辑,他们检验法则正确与否的标准是实践而不是证明.如果数学产生于人类生活和生产实践的需要,那么,古代中国与古印度的做法是有道理的.我曾经萌发了这样的想法,希望我的想法不要给读者带来混乱:如果让人类重新开始建立数学,那么,建立起来的新的数学会有多少与现在的数学是一样的呢?大概运算的法则是一样的,其他的就不好说了.因此,虽然上面谈到的第二步抽象的结果在形式上是美妙的,但第一步抽象却更为重要,**因为第一步抽象发现的是新的知识,而第二步抽象是合理地表达了新的知识**.

减法是通过加法来定义的.对于 $a,x,b \in \mathbf{Z}$,如果 $a+x=b$,则称 x 为 b 减 a 的差,求差的运算叫做减法,记为 $x=b-a$.可以验证这个规定蕴涵着 $a+0=a$,$(-a)+a=0$.整数 $\mathbf{Z}$ 对于减法运算封闭,即 $a,b \in \mathbf{Z}$,则 $a-b \in \mathbf{Z}$.

[①] 婆罗摩笈多(Brahmagupta,约598~约665),印度天文学家、数学家,属乌贾因学派.著《婆罗门历算书》,全书24章,其中第12章、第18章专论数学.他在算术方面的工作与阿耶波多第一(Aryabhata the Elder)不相上下.对于一次不定方程问题的研究比阿耶波多第一获得进一步发展,如二阶差分内插公式、有理数勾股数公式以及解形如 $Nx^2 \pm c = y^2$ 的二次不定方程,都是婆罗摩笈多的创见.

[②] 赵爽注.周髀算经.上海:上海古籍出版社,1990.

[③] 刘徽注.九章算术.上海:上海古籍出版社,1990.

第三讲　数的运算与扩张

（三）运算法则的检验

因为运算集合已经由自然数扩张到整数,那么,需要检验,在更大的集合上我们曾经定义的加法和乘法是否还适用.世界上有许多事物是需要回头看的,这是一种思考问题的基本方法.在整数集合 **Z** 上,加法显然是成立的,但是对于乘法,有一个问题是需要特别注意的,那就是负数与正数相乘,以及负数与负数相乘,在整数集合 **Z** 上,对于乘法需要附加下面的法则：

	+	−
+	+	−
−	−	+

其中,关于$(-1) \cdot (-1) = +1$,《数学:确定性的丧失》中记载欧拉是这样证明的:因为这个积只能为 $+1$ 或者 -1,我已经证明了$(-1) \cdot 1 = -1$,所以这个积为 $+1$. 欧拉的这个证明多少有些不讲理.事实上,从任何数乘以 0 均等于 0 出发,我们可以补充欧拉的证明如下:

$$0 = (-1) \cdot 0$$
$$= (-1) \cdot [(-1) + 1]$$
$$= (-1) \cdot (-1) + (-1) \cdot (+1)$$
$$= (-1) \cdot (-1) + (-1).$$

因为从减法的定义知道,只有$(+1) + (-1)$才能等于 0,所以$(-1) \cdot (-1) = +1$,其中第三个等号用了分配律,第四个等号用了欧拉已经证明了的结果.

（四）除法

除法是乘法的逆运算.与减法一样,我们需要进一步扩大运算的集合,从整数集合 **Z** 扩张到有理数集合 **Q**,有理数集合包括:整数和分数. 这样,有理数系包括了一切形如 $\frac{m}{n}$ 的数,其中 $m, n \in \mathbf{Z}, n \neq 0$. 与负数不同,几乎所有的文明从一开始就能够接受基于自然数的分数,即形如 $\frac{m}{n}$ 的数,其中 $m, n \in \mathbf{N}$. 这是与人们的经验有关的,因为在生活中需要处理部分与整体的关系、线段长度的比例关系、数量分配的比例关系. 需要注意的是,**人们最初使用的分数都是真分数,是对于比例的刻画,而不是近代意义上扩张了的有理数.**

除法是通过乘法来定义的. 对于 $a, x, b \in \mathbf{Q}$,如果 $a \cdot x = b$,则称 x 为 b 与 a 的商,求商的运算叫做除法,记为 $x = \frac{b}{a}$. 这个规定蕴涵着下面的关系成立:$a \cdot 1 = a$,$\frac{a}{a} = 1$,$\frac{b}{a} = \frac{d}{c}$ 等价于 $a \cdot d = b \cdot c$. 有理数集合 **Q** 对于除法运算封闭,即 $a, b \in \mathbf{Q}, a \neq 0$,则 $\frac{b}{a} \in \mathbf{Q}$.

可以看到,**减法、乘法和除法都是基于加法的,称这四种最基本的运算为四则运算**,有理数集合 **Q** 对于四则运算是封闭的.

三、算术与代数

在今天,几乎小学生都会利用字母来推演公式. 可是,学会从数字进行具体的运算到利用符号进行抽象的运算,人类却经历了漫长的岁月. 第一个有意识地使用字

第三讲　数的运算与扩张

母系数来表示抽象运算的是法国数学家韦达①（Vieta，1540～1603）．在韦达之前，人们只解决带有数字系数的方程，比如，对于一元二次方程，认为像 $3x^2+2x+1=0$ 和 $2x^2+3x+5=0$ 这样两个方程是不一样的，虽然他们知道可以用同样的方法来求解．韦达用 $ax^2+bx+c=0$ 一般地表示一元二次方程，其中 a,b,c 这些字母系数可以表示任何数（$a\neq 0$）．因为把方程由数字系数抽象到了字母系数，于是研究的是整个一类方程的计算．还是以一元二次方程为例，令 x_1 和 x_2 分别为字母系数的一元二次方程的两个根，则有

◀ 参见第十讲中关于复数产生历史的讨论．

$$x_1=\frac{-b-\sqrt{b^2-4ac}}{2a}, \quad x_2=\frac{-b+\sqrt{b^2-4ac}}{2a}.$$

对于具体的数字系数，只要代入上面的公式就可以得到两个解，多么简洁便利！由此也可以看到，抽象到符号体系，得到的结果往往就具有了一般性，因而也具有了更加广泛的应用性．还不仅如此，抽象到符号体系，还有利于研究方程的性质，由公式容易得到：

$$x_1+x_2=-\frac{b}{a}, \quad x_1 \cdot x_2=\frac{c}{a},$$

这就清晰地表达了方程的根与系数之间的关系，为了纪念韦达，人们把一元二次方程的这个性质叫做"韦达定理"．

韦达在他1591年出版的《分析艺术引论》一书中，划

---

① 韦达（Viete，Francois，seigneurdeLa Bigotiere，1540～1603），1540年生于法国的普瓦图，1603年12月13日卒于巴黎．法国16世纪最有影响的数学家之一．第一个引进系统的代数符号，并对方程论作了改进．著有《分析方法入门》（1591）、《论方程的识别与订正》等多部著作．

分了算术与代数的区别,认为算术以及数字系数的方程是与数打交道,是数字计算,而代数是作用于事物的类别或形式上的方法,是类型计算.

韦达的符号表示告诉我们,**可以像对"数"那样对"符号"进行运算,并且,通过符号运算得到的结果是具有一般性的**.很显然,如果没有韦达给出的字母系数的表达方法,就不可能有代数学的发展.由此也可以进一步体会到,把事物抽象到符号表达是多么重要,是多么有效.

下面我们分析《九章算术》[①]中的一个例子,希望通过这个例子说明两个问题:一是说明在很早的时候中国的数学就已经发展到了相当的水平;二是进一步阐述符号表达对于数学发展的重要性.刘徽[②]在魏景元四年(公元 263 年)注《九章算术》,其中研究了具有一般解的方程和方程组的问题,这比韦达的研究要早一千多年.书中"勾股"章的第 11 题[③]为:

今有户高多于广六尺八寸,两隅相去适一丈.问户高、广各几何.

---

① 《九章算术》,中国古代数学专著,是《算经十书》(汉唐之间出现的十部古代古算术)中的最重要的一部.它上承先秦数学发展之源流,入汉之后又经许多学者的删补方才最后成书.它的出现,标志着中国古代数学体系的形成.《九章算术》在隋唐时期即已传入朝鲜、日本.现在已被译成日、俄、德、法等多种文字.

② 刘徽,生于公元 250 年左右,中国三国后期魏国人,是中国古代杰出的数学家,也是中国古典数学理论的奠基者之一.其生卒年月、生平事迹,史书上很少记载.据有限史料推测,他是魏晋时代山东邹平人,终生未做官.刘徽的数学著作流传后世的很少,所留之作为久经辗转传抄.他的主要著作有《九章算术注》10 卷、《重差》1 卷(至唐代易名为《海岛算经》)、《九章重差图》1 卷,可惜后两种都在宋代失传.

③ 刘徽注.九章算术.李淳风注释.上海:上海古籍出版社,1990:88.

第三讲　数的运算与扩张

答曰：广二尺八寸；高九尺六寸．

术曰：令一丈自乘为实，半相多，令自乘，倍之，减实，半其余．以开方除之，所得，减相多之半，即户广．加相多之半，即户高．

用现在的语言，问题是："有一个门高比宽多 6.8（尺），对角线长 10（尺），问高和宽各是多少."答案是："宽 2.8（尺），高 9.6（尺）."可是，在阐述上述结果的计算方法时就比较费解了，我们借助符号表达．令 x 和 y 分别表示宽和高，令 a 表示对角线长，b 表示高与宽之差，即文中所说的"相多"．那么，术曰：

$$x=\sqrt{\left[a^2-2\left(\frac{b}{2}\right)^2\right]\div 2}-\frac{b}{2},$$

$$y=\sqrt{\left[a^2-2\left(\frac{b}{2}\right)^2\right]\div 2}+\frac{b}{2}.$$

亦即，$x=\sqrt{\left(\frac{b}{2}\right)^2+\frac{a^2-b^2}{2}}-\frac{b}{2},$

$$y=\sqrt{\left(\frac{b}{2}\right)^2+\frac{a^2-b^2}{2}}+\frac{b}{2}.$$

资料图片

（清）武英殿聚珍版丛书《九章算术》书影

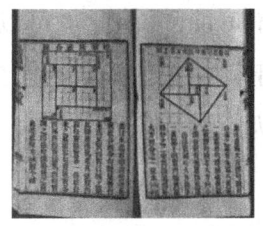

（清）武英殿聚珍版丛书《九章算术》弦图书影

把 $a=10$ 和 $b=6.8$ 代入,确实可以得到 $x=2.8$ 和 $y=9.6$. 可是,书中没有说明上面的结果是如何得到的. 我们可以推测,是用了二元方程组:

$$\begin{cases} y-x=b, \\ x^2+y^2=a^2, \end{cases}$$

或者把 $y=x+b$ 直接代入勾股定理的公式,整理后得到一个一元二次方程:

$$x^2+bx=\frac{a^2-b^2}{2}.$$

关于这个方程的求解,可以直接用一元二次方程的求根公式,但刘徽很可能用的是配方法,得到

$$\left(x+\frac{b}{2}\right)^2=\frac{a^2-b^2}{2}+\left(\frac{b}{2}\right)^2,$$

从而得到解的公式为 $x=\sqrt{\left(\frac{b}{2}\right)^2+\frac{a^2-b^2}{2}}-\frac{b}{2}$. 可能是为了语言表述的方便,在"术曰"中把解写成了 $x=\sqrt{\left[a^2-2\left(\frac{b}{2}\right)^2\right]\div 2}-\frac{b}{2}$. 我们可以看到,《九章算术》已经很成熟地掌握求二次方程的解的方法,甚至求方程组的解的方法,但是,因为没有抽象出符号表达,于是在表述上遇到了非常大的困难,特别是求解过程的阐述几乎是不可能的. 由此也可以看到,没有抽象出符号表达显然是阻碍中国数学进一步发展的原因,当然,这很可能不是最为主要的原因.

第四讲　无理数的认识

阅读提示

无理数的发现,与不可公度线段有关,与面积计算有关,也与方程求解有关.虽然人们很早就发现了无理数,但是,在很长的一段时期内,人们无法对无理数作出一个合理的解释,也很难给出清晰的符号表达.事实上,实数理论的确立比微积分的出现还要晚.

从上一讲的讨论可以看到,人们总是习惯于从已有的概念出发,借助已有的概念来刻画新的事物,但是却遇到了"无理数"这样的难题.虽然人们很早就发现了无理数的存在,但是不能给出一个合理的解释,也很难给出清晰的符号表达,于是称这样的数为无理数,是一种没有道理的数.我们先来讨论人们是怎样发现无理数的,从中感悟无理数的本质特征.

一、无理数的发现历程回顾

（一）边长与对角线的不可公度

毕达哥拉斯学派发现边长为 1 的正方形的对角线与边长是不可公度的,即不能表示为整数之间的比例关系,这个发现基于一个表述直角三角形三个边长之间关系的定理.在中国,这个定理被称为勾股定理,其名称来源于《周髀算经》,书中记载,商高答周公:

勾广三,股修四,径隅五.

> 具体数值的计算是重要的,但是数学需要从具体的计算中抽象出一般的规律.

这是在说,一个直角三角形,如果两个直角边(勾、股)的长度分别为3和4,那么,斜边(径)的长度为5,但是没有给出一般的结论,也没有给出证明.三国时代的赵爽[①]注《周髀算经》时给出了一般的结果并给予了证明.

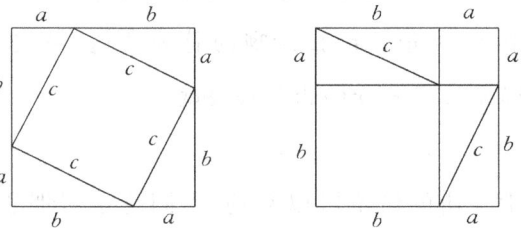

图4.1 勾股定理的证明

在西方,这个定理被称为毕达哥拉斯定理.《希腊编年史》[②]记载,毕达哥拉斯学派为了庆祝这个定理的发现曾宰牛祭神.这个定理的一般表述为:令一个直角三角形的两个直角边和一个斜边的边长分别为a,b和c,则有$a^2+b^2=c^2$.证明是通过图形的面积剖分方法,由图4.1可以看到,两个正方形的面积是相等的,如果把两个正方

[①] 赵爽,中国数学家.东汉末至三国时代人,字君卿.生平不详,约生活于公元3世纪初.赵爽的数学思想和方法对中国古代数学体系的形成和发展有一定影响.

[②] 阿波罗多罗斯(Apollodorus)著.希腊编年史.公元前2世纪.

第四讲　无理数的认识

形中三角形的面积都减去,就得到了定理的结果.这里需要一个公理,即"等量加等量还是等量",关于公理的效用,我们将专题讨论.

由定理知,如果两个直角边长分别为 $a=1$ 和 $b=1$,则斜边长 $c=\sqrt{2}$,但是 $\sqrt{2}$ 不能表示为两个整数之比的形式.这个命题的证明最早出现在亚里士多德①的著作中,证明用的方法是反证法.

假设 $\sqrt{2}$ 能够表示为两个整数比的形式,即 $\sqrt{2}=\dfrac{a}{b}$,其中 a 和 b 为整数且互质(不可约).则 $a^2=2b^2$,于是 a^2 为偶数,因为只有偶数的平方才能为偶数(任何一个奇数可以表示为 $2n+1$,由 $(2n+1)^2=4n^2+4n+1$ 知,奇数的平方必为奇数),所以 a 为偶数.因为 a 和 b 没有公因数,a 为偶数则 b 必为奇数.因为 a 为偶数,可设 $a=2c$,其中 c 为整数.则 $a^2=4c^2$,于是有 $4c^2=2b^2$ 即 $2c^2=b^2$,则 b^2 为偶数进而 b 为偶数.b 不可能又是奇数又是偶数,因此,假设不成立,也就是 $\sqrt{2}$ 不能表示为两个整数比的形式.

◀ 是否可以用 $2n$ 的平方为 $4n^2$ 来证明"只有偶数的平方才能为偶数"这个命题?

因为古希腊人认为可以用整数或者整数的比来度量一切事物,$\sqrt{2}$ 是有悖于这个理念的,因此是不可理解的,于是,古希腊的大部分学者放弃了对算术的研究而热衷于研究几何.

---

① 亚里士多德(Greek:ριστοτλη Aristotélēs,Aristotle,公元前 384～前 322),古希腊哲学家、科学家,形式逻辑的奠基人.

（二）圆周率

人们很早就知道圆的周长为 $2\pi r$，面积为 πr^2，其中 r 是圆的半径，π 为圆周率. 但是，计算 π 是非常困难的，人们希望用一个可公度数来近似得到 π. 因为尼罗河的泛滥，为了调整泛滥后的土地，古埃及人掌握了土地面积测量与计算的技术，他们对于圆面积给出了很好的近似，《莱茵德纸草书》①第 50 题说，直径为 9 的圆形土地的面积等于边长为 8 的正方形土地的面积. 如果用面积公式：$8^2 \approx \pi \cdot \left(\dfrac{9}{2}\right)^2$，可以得到 π 约等于 $\dfrac{16}{9}$ 的平方，即 $\dfrac{256}{81} = 3.1605$，这是在公元前 1700 年左右得到的结果. 当然，仅就这一点，我们还很难确定，当时的古埃及人是否已经建立了关于圆周率的概念. 对于 π 的近似计算，古希腊物理学家、数学家阿基米德②（Archimedes，公元前 287～前 212）得到在 $\dfrac{22}{7}$ 与 $\dfrac{223}{71}$ 之间，祖冲之③得到在 $\dfrac{22}{7}$ 与 $\dfrac{355}{113}$ 之间，

▶ 人们在实践中能够总结出"圆的面积与半径的平方之比为一个常量"是非常了不起的，通过下面的讨论我们将知道，π 是一个超越数.

资料图片

祖冲之纪念邮票

阿基米德

---

① 古埃及人在纸莎草（Papyrus）压制成的草片上写书，现存两部，即莱茵德纸草书和莫斯科纸草书，莱茵德纸草书是以苏格兰收藏家莱茵德（H. Rhind）命名，现藏伦敦大英博物馆.

② 阿基米德（Greek: ριστοτλη Aristotéles，Archimedes，约公元前 287～前 212），古希腊数学家、物理学家、发明家，从实验观测推导数学定律的先驱之一. 生于西西里岛的叙拉古，曾师从欧几里得学习数学，潜心于理论研究，他对数学最大的贡献是对几何学的研究. 阿基米德是整个历史上最伟大的数学家之一，后人对阿基米德给予极高的评价，常把他和牛顿、高斯并列为有史以来三位贡献最大的数学家.

③ 祖冲之（429～500），中国南北朝时期的历法学家、数学家.

其中 $\frac{22}{7}$ 是计算圆内接正 96 边形的周长得到的,$\frac{355}{113}$ 被称为密率,也称祖率.

(三) 面积与无理数

我们常用的求三角形面积的公式需要知道三角形的一个高,但是古希腊数学家海伦①(Heron,公元 1 世纪左右)在他的《度量》一书中给出了一个只依赖于边长的公式:对于任意三角形,令三个边长分别为 a,b 和 c,令 s 为三角形周长的一半,即 $s=\frac{a+b+c}{2}$,则三角形的面积为 $\sqrt{s(s-a)(s-b)(s-c)}$. 显然,这个数经常为无理数. 在古代中国也有类似的公式,最近吴文俊利用"出入相补"原理复原了秦九韶《数书九章》中的三角形面积公式为②

$$\text{三角形面积的平方}=\frac{1}{4}\left[c^2a^2-\left(\frac{a^2+c^2-b^2}{2}\right)^2\right].$$

可以验证,这个公式与海伦公式是等价的.

(四) 方程与无理数

古希腊代数的顶峰是在丢番图③(Diophantus)时代,他的重要贡献之一就是在代数中引入了符号,甚至给出

---

① 海伦(Heron of Alexandria,公元 1 世纪左右),希腊数学家、力学家、机械学家. 生平不详. 约公元 62 年活跃于亚历山大,在那里教过数学、物理学等课程. 他多才多艺,善于博采众长. 在论证中大胆使用某些经验性的近似公式,注重数学的实际应用.
② 参见:李文林著. 古为今用的典范:吴文俊院士的数学史研究. 中国数学会通讯,2007(2).
③ 丢番图(Diophantus of Alexandria,约公元 250 年前后),对于丢番图的生平事迹,人们知道得很少. 从他的墓志铭中,我们知道丢番图享年 84 岁. 他是古希腊伟大的数学家. 丢番图对代数学的发展起到极其重要的作用,对后来的数论学者有很深的影响. 他有几种著作,最重要的是《算术》,还有一部《多角数》,另一些已遗失.《算术》是一部划时代的著作,它在历史上影响之大,可与欧几里得的《几何原本》相媲美.

> 无论是古希腊还是古代中国,人们不约而同地在代数中使用了平方、立方这样的几何名词.可见几何直观对数学发展的影响.

了相当现在的 $\frac{1}{x}$ 和 x 的 3 次以上幂的形式,在当时这是极度抽象的符号,因为古代人认为 2 次幂是平方、3 次幂是立方,都是有具体的几何背景的,3 次以上幂无具体的几何背景因而是无意义的.丢番图知道一元二次方程式有两个根,但不知道如何处理这两个根,于是,两个根均为有理数时,他取较大的那一个;根为无理数或者虚数时,他则认为这个方程是不可解的.这样,毕达哥拉斯学派的发现在这里就是一个特例了,因为 $\sqrt{2}$ 是方程 $x^2 - 2 = 0$ 的一个根.

> 《九章算术》中研究的方程的根已经是小数.

> 费马曾经在这本书的页边上写了 40 多个结论,大部分没有证明,经后人验证这些结论都是正确的.费马大定理是最后一个被验证的,他写完这个结论又加了旁白:

丢番图最感兴趣的问题是:方程的根是否是正整数.他把许多重要的结果写在他的著作《算术》中,现在,人们称求方程整数解的问题为丢番图问题.但是,丢番图绝对不会想到的是,他的《算术》一书引发了一个著名的猜想,这就是费马大定理.费马大定理与勾股定理关系密切,在勾股定理 $a^2 + b^2 = c^2$ 中,a、b 和 c 这三个数有可能同时是整数,比如 $a=3$,$b=4$ 和 $c=5$.但是,费马[①]猜想,平方的情况是特殊的,对于一般的等式 $a^n + b^n = c^n$,当 $n \geqslant 3$ 时将不存在使 a、b 和 c 同时为整数的解.费马把这个问题写在《算术》这本书问题 8 的页边:

[①] 费马(Pierre Simon de Fermat,1601~1665),法国数学家.最初学习法律,最后以图卢兹议会的议员终其一生.费马是一位博览群书见广多闻的谆谆学者,精通数国语言,对于数学及物理也有浓厚的兴趣.虽然他在近三十岁才开始认真专研数学,但是他对数学的贡献使他赢得业余王子(the prince of amateurs)之美称.他在笛卡儿(Descartes)之前研究解析几何,而且在微积分的发展上有重大的贡献,费马和巴斯卡(Pascal)被公认是概率论的先驱.然而,人们所津津乐道的则是他在数论上的一些杰作,例如费马定理(又称费马小定理,以别于费马最后定理),最有名的就是俗称的费马大定理(又名费马猜想).费马天生的直觉实在是异常敏锐,他所断言的其他定理后来都陆续被人证出来.

第四讲 无理数的认识

不可能将一个立方数写成两个立方数之和；或者将一个4次幂写成两个4次幂之和；或者，总地来说，不可能将一个高于2次的幂写成两个同样次幂之和.

◀ "我已经想出了绝妙的证明方法,可惜这里篇幅太小,写不下."这就更刺激了数学家们的好奇心.

问题是简洁的,证明却是困难的.经历了3个世纪,经过几代数学家的努力,这个问题于1993年被在普林斯顿任教的英国数学家怀尔斯[①](Wiles,1953～　)解决,长达130页的论文发表于1995年.

二、对无理数发现历程的反思

虽然人们很早就发现了无理数,但是并没有急于去定义无理数,也没有急于定义一个可以包括无理数在内的数的集合(现在我们在中学就知道这个集合为实数集合).我想,其原因至少有两个:

(一) 必要性

我们已经看到,从自然数开始,每扩充一次数的集合都是为了满足某种运算的需要,或者是讨论运算法则的需要.虽然上面谈到,人们很早就发现在运算中会用到无理数,但是在实际运算中,只需用无理数的近似值就可以了.事实上,在我们的现实生活中,得到的数据几乎都是近似的.关于近似的功能,可以参考美国天文学家纽克

---

① 安德鲁·约翰·怀尔斯爵士(Sir Andrew John Wiles,1953年4月11日～　),当代著名的英国数学家,居于美国.因证明了历时350多年的、著名的费马定理名闻天下.

姆①(Newcomb,1835～1909)的话：

十位小数就足以使地球周界准确到一英寸以内，三十位小数便能使整个可见宇宙的四周准确到连最强大的显微镜都不能分辨的一个量.

即便是今天，我们对无理数的处理也是用近似的方法，现代计算机的运算，不特殊指明时，无论是对有理数还是对无理数都精确到小数点后 8 位.

（二）可能性

人们长期以来习惯于用分数来表示有理数，据记载，是 16 世纪的荷兰工程师和数学家斯蒂芬②(Stevin,1548～1620)开始用小数表示有理数，他用

24 3(1)7(2)5(3)

来表示有理数 $24\frac{375}{1000}$. **直到 18 世纪，一个稳定的十进位小数的表达形式才逐渐形成**，即把上面的分数表示为 24.375.

另一方面，一直到 18 世纪人们也没有完全认清无理数的性质，因此对于无理数本身无法抽象出一个合理的表述方式. 虽然早在丢番图时代人们就发现，以有理数为

---

① 纽克姆(Simon Newcomb,1835～1909)，美国天文学家、美国科学院院士.1835 年 3 月 12 日生于加拿大新斯科舍省华莱士，1909 年 7 月 11 日卒于华盛顿.1853 年他迁居美国，任美国天文学和天体物理学学会第一届会长.

② 斯蒂芬(Simon Stevin,1548～1620),1548 年生于布鲁日(今比利时境内),1620 年卒于海牙. 荷兰数学家、工程师、力学家、物理学家. 他首先发现了合力的平行四边形法. 生前出版了一本论力学的著作.

第四讲 无理数的认识

系数的高次方程的根可以是有理数也可以是无理数（参见关于方程的讨论），并且称这样的数为**代数数**，但是，是否可以用代数数来定义无理数呢？虽然可以证明代数数对于四则运算也是封闭的，但是，是否还存在代数数以外的数呢？欧拉认为还存在其他的数，并称这类数为**超越数**，因为它们"超越了代数方法的能力之外"，他猜想圆周率 π 就是一个超越数．判定 π 是否为超越数的问题是十分重要的，因为这涉及古希腊的一个作图问题"化圆为方"：做一个面积等于单位圆的正方形（参见圆周率那一讲的讨论）．1844 年，法国数学家柳维尔[①]（Liouville，1809～1882）用构造性方法证明了超越数的存在，从他的论文的题目"论既非代数无理数又不能化为代数无理数的广泛数类"就可以体会这一类数的性质．1873 年，法国数学家埃尔米特[②]（Hermite，1822～1901）给出了一个技巧证明了 e 是一个超越数，其中 e≐2.71828 被称为自然对数的底，是在现代数学中非常重要的一个数，我们在下面将会进行专门的讨论．1882 年，德国数学家林德曼[③]

[①] 柳维尔（Joseph Liouville，1809～1882），法国数学家．在函数论、微分方程、积分方程、数论、几何学等方面有贡献．

[②] 埃尔米特（Charles Hermite，1822～1901），法国数学家，在数学分析、代数以及数论等领域作出了多方面的贡献，在 19 世纪数学中占有崇高的地位，著名数学史家 P. 蒙西翁（Monsion）称他为高斯、柯西、雅可比和狄利克雷之后最重要的分析学家．时至今日，人们以他的名字作了这样一些命名：埃尔米特矩阵、埃尔米特型、埃尔米特多项式、埃尔米特双曲空间、埃尔米特插值、埃尔米特核、埃尔米特算子、埃尔米特流形等，以此表达对这位数学大师的尊敬和纪念．这些命名也反映了埃尔米特的多方面的数学成就．

[③] 林德曼（Lindemann，Carl Louis Ferdinand von，1852～1939），德国数学家．1852 年 4 月 12 日生于汉诺威，1939 年 3 月 6 日卒于慕尼黑．林德曼使用埃尔米特的方法去攻众所周知的数——π（圆的周长与其直径的比值）的问题，并于 1882 年证明 π 是超越数，因而否决了化圆为方的可能．

(Lindemann,1852～1939)修改了埃尔米特的方法,成功地证明了 π 是一个超越数,也完全解决了化圆为方这个古老的问题.

虽然德国数学家康托①(Cantor,1845～1918)利用对应的方法证明了超越数的个数要远远超过代数数(见第九讲的讨论),但是,至今为止,人们能够清晰刻画的超越数依然是寥寥无几.1900年在巴黎召开了世界数学家大会,上个世纪最伟大的数学家、德国哥廷根大学的希尔伯特②(Hilbert,1862～1943)教授在会上作了一个题为"数学问题"的重要讲演.讲演中提出的 23 个问题对未来数学的发展提出了挑战,这些问题大多数已经得到解决,其解决过程很好地促进了 20 世纪数学的发展,其中第 7 个问题的题目就是"某些数的无理性与超越性".

从上面的讨论可以看到,**合理地定义无理数(进而实数)并不是轻而易举的事情**.虽然在现代的数学教学中,初中阶段就把数集扩张到了实数,但是,与我们的教学过程相反,在数学发展的历史上,实数理论的确立却比微积分的出现还要晚,甚至可以说,是为了更合理地解释微积

▶ 问题的关键在于重新定义有理数,见第八讲.

---

① 康托(Georg Cantor,1845～1918),德国数学家,19 世纪数学伟大成就之一——集合论的创立人.1845 年 3 月 3 日生于俄国彼得堡一个犹太商人的家庭.1856 年全家迁居德国法兰克福.康托是数学史上最被误解,而又最具革命性的思想家之一.

② 希尔伯特(David Hilbert,1862～1943),德国著名数学家,出生于东普鲁士哥尼斯堡,自 1895 年起任哥廷根大学(Universitt Gttingen)的终身教授,1928 年成为皇家学会会员.在几何和数学基础上的影响深远.

第四讲 无理数的认识

分才产生了实数理论.正如克莱因①在他的《数学:确定性的丧失》一书中所说:

数学史上这一系列事件的发生顺序是耐人寻味的,并不是按着先整数、分数,然后无理数、复数、代数数和微积分的顺序,数学家们是按着相反的顺序与它们打交道的.……他们非到万不得已才去进行逻辑化的工作.

我们还是先讨论微积分的产生,然后再分析人们到底遇到了什么困难,才"万不得已"地去定义实数理论.微积分的产生至少依赖两个重要的基础性工作,一个是直角坐标系:把代数式与图形有机地结合起来;一个是建立模型的思想:用代数式来表述物理现象.

---

① M.克莱因(M Kline,1908.5.1~   ),美国数学史家、数学教育家与应用数学家,生于美国纽约市布鲁克林.M.克莱因关于数学史的代表作是《古今数学思想》,它不同于一般数学史的著作,而主要"从历史角度来讲解的数学入门书",突出了数学发展的思想方法,论述了数学思想的古往今来,被誉为"我们现有的数学史中最好的一本数学史".M.克莱因作为以研究电磁理论见长的数学家,他写过《电磁波原理》(1951年)、《数学与物理世界》(1959年)、《电磁原理和几何光学》(1965年)等著作.此外,他的《西方文化中的数学》(1953年)、《数学、文化修养的方法》(1962年)是论述数学文化较早的两部书.他于1985年写的《数学和在认识中的探索》则论述了数学揭示了哪些自然现象,是一部将数学应用、数学史与科普结合起来的优秀的数学著作.M.克莱因写了许多关于数学教育的著作,主要有《古代派对现代派》(1958年)、《对高中数学课程的建议》(1966年)、《计算、直观和有形的方法》(1967年)、《现代(世界)数学》(1968年)、《为什么约翰尼不会做加法:新数学的失败》(1973年)、《为什么教授不教书:数学和大学数学的困境》(1977年)等.在这些著作中,他提出许多有价值的教育思想,这使他进入世界著名数学教育家的行列.他的名字可以与近代数学教育史上一批著名的数学教育家F.克莱因、G.波伊亚、H.弗莱登塔尔等并列.

第五讲　数轴与直角坐标

阅读提示

建立数学直观是非常重要的. 在现代数学教学中, 数形结合的教学是建立数学直观的有力工具. 由于直角坐标系的发明, 使得代数式与图形有机结合, 这也是微积分产生的重要基础性工作之一. 在直角坐标系下, 借助距离公式可以用代数式表达直线、圆、椭圆、双曲线等几何图形, 将几何问题代数化. 不仅如此, 利用直角坐标系的几何直观, 还可以解决数据分析等重要问题.

一、直观与数形结合的意义

建立直观是非常必要的, 就教育而言, 直观是一种判断能力, 是凭借专业直觉对事物作出直接判断的能力, 包括从条件预测结果的能力, 也包括由结果探究成因的能力. 这种能力依赖于专业知识, 但更依赖于经验: 依赖于经验的积累, 依赖于经验的浓缩, 依赖于经验的升华, 这些都与我们正在讨论的核心思想"抽象"有关, **因为浓缩与升华的基础是抽象. 因此, 对于任何学科的教学, 最终都应当把培养学生的学科直观作为重要的价值取向**. 在现代数学教学中, 数形结合的教学是建立数学直观的有

> 直观更多是依赖归纳的能力, 而不是演绎的能力, 这在现代教育中是被忽视的.

第五讲 数轴与直角坐标

力工具.

至少到 16 世纪,当人们理解负数和无理数遇到困难时,就想到了用图形来表示数量.虽然还不能给出无理数(因而实数)有说服力的定义,但是意大利数学家庞贝利[①](Bombelli,1526~1572)和荷兰数学家斯蒂芬(Stivin,1548~1620)等都主张在数与数轴之间建立一一对应的关系,还定义了长度的四则运算,并以此解释了实数的四则运算.

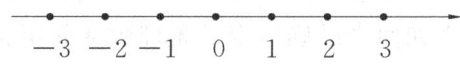

图 5.1 数 轴

图 5.1 描绘的就是数轴,是一个有方向、原点和单位长的直线,整数被表示为数轴上一组等距离的点,正整数在 0 的右边,负整数在 0 的左边.如果把一个单位长分为 n 等份,那么,每一个小单位表示了 $\frac{1}{n}$ 的大小,分数 $\frac{m}{n}$ 是由 0 开始向右数出 m 个小单位所对应的点.事实上,我们也能在数轴上表述代数数,比如对于 $\sqrt{2}$,可以用边长为 1 的正方形的对角线的长度在数轴上找到对应的点.

◀ 能够找到对应圆周率 π 的点吗?

这样,对于给定的数 a,用 $|a|$ 表示对应的点到 0 点的距离,称之为 a 的绝对值.因为距离不能小于 0,因此,当 $a \geqslant 0$ 时,$|a|=a$;当 $a<0$ 时,$|a|=-a$.

进一步,对于数 a 和 b,不妨设 $a<b$,我们在数轴上找到对应的点,称这两个对应点之间的线段为区间,用

---

① 庞贝利(Raphael Bombelli,1526~1572),意大利数学家.

$[a,b]$表示.那么,对于属于这个区间的点c,表示为$c\in[a,b]$,必然有$a\leqslant c$和$c\leqslant b$.现在已经把数轴上的点与数有机地对应起来了,很容易验证,无论区间长度多么小的区间内总是有有理数存在,于是我们说在数轴上有理数是稠密的,但是有理数不能覆盖数轴,因为还有$\sqrt{2}$这样的代数数;很显然,代数数也是稠密的,但是代数数也不能覆盖数轴,因为还有π这样的超越数.借助数轴,我们似乎**可以给实数一个直观的描述**:能够覆盖数轴的所有数的全体,包括有理数以及有理数以外的实数,称之为无理数,可是应当如何来准确地定义无理数从而定义实数呢?为了做到这一点,人们还需要相当多的准备,还需要相当长的时间.

> 详细的讨论参见第八讲.

我们还是先谈图形结合对于数学发展的作用.关于数形结合的根本性工作是由两位法国数学家笛卡儿[①]和

资料图片

笛卡儿纪念邮票

[①] 笛卡儿(Rene Descartes,1596~1650),1596年3月31日生于法国都兰城.笛卡儿是伟大的哲学家、物理学家、数学家、生理学家,解析几何的创始人.笛卡儿不仅在哲学领域里开辟了一条新的道路,同时是一位勇于探索的科学家,在物理学、生理学等领域都有值得称道的创见,特别是在数学上他创立了解析几何,从而打开了近代数学的大门,在科学史上具有划时代的意义,被誉为"近代科学的始祖".黑格尔称他为"现代哲学之父".

费马完成的.柯朗[①]在他的著作《什么是数学》[②]中说,费马的工作是在 1626 年、笛卡儿的工作是在 1637 年完成的.他们把数对与平面上的点一一对应起来,从而发明了解析几何,现在解析几何已经成为高中阶段数学课程中很重要的教学内容.解析几何的核心是直角坐标系(也称笛卡儿坐标系),这是由两个相互垂直的数轴构成的,一个方向向右,一个方向向上,分别称为 x 轴(横坐标)和 y 轴(纵坐标);两个 O 点(数 0 的对应点)重合,称之为原点.那么,一个数对 (x_1, y_1) 就对应于直角坐标系上的一个点 $A(x_1, y_1)$,即横坐标为 x_1、纵坐标为 y_1 的点.现在平面被直角坐标系的两个轴分割成四个部分,我们称为四个象限,两个坐标均为正值的象限被称为第一象限,然后按逆时针方向分别命名为第二、三、四象限.有了这些基础性的工作,就可以用代数的方法来分析几何问题了,现在人们称这样的工作为代数几何.

二、平面直角坐标下的直线

在平面几何中,有一个公理:两个点确定一条直线.我们从这个公理出发,借助直角坐标系来分析直线,给出直线的方程.如图 5.2 所示,设两个点分别为 $A(x_1, y_1)$ 和 $B(x_2, y_2)$,设 $C(x, y)$ 为直线上的任意点,由平行

[①] R. 柯朗(Richard Courant,1888~1972),德国数学家,20 世纪杰出的数学家,哥廷根学派重要成员,西方公认的数学权威.他生前是纽约大学数学系和数学科学研究院的主任,该研究院后被重命名为柯朗数学科学研究院.他写的书《数学物理方程》为每一个物理学家所熟知,而他的《微积分学》已被认为是近代写得最好的该学科的代表作.

[②] 柯朗著.什么是数学.左平,张饴慈译.上海:复旦大学出版社,2005.

线性质知,线段之间存在下面的比例关系:

$$\frac{AD}{AE}=\frac{CD}{BE},$$

其中 D 和 E 的坐标分别为 (x,y_1) 和 (x_2,y_1). 因此,

$$\frac{x-x_1}{x_2-x_1}=\frac{y-y_1}{y_2-y_1}.$$

这就是通过代数解析得到的直线的方程. 整理上面的式子,如果令

$$a=\frac{y_2-y_1}{x_2-x_1}, \quad b=y_1-ax_1,$$

我们可以得到

$$y = ax + b, \tag{5.1}$$

这是教科书中直线的一般表达形式. 通常称上式中的 a 为斜率,表示直线与 x 轴夹角的正切;b 为截距,表示直线与 y 轴的交点.

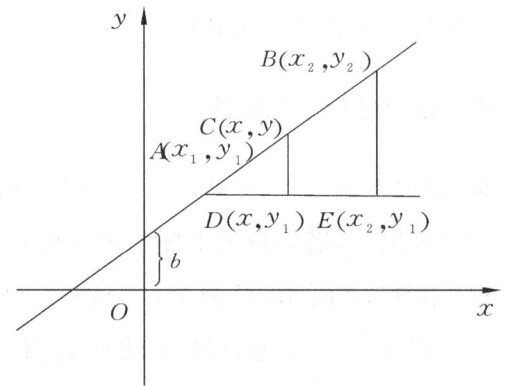

图 5.2 直线方程图像

关于函数定义的详细讨论,可参见第七讲.

很显然,当坐标 x 的取值发生变化时坐标 y 的取值也会发生变化,称这样的关系为函数:

当 $a>0$ 时,y 随着 x 的增大而增大,称这样的关系为增函数;

当 $a<0$ 时,y 随着 x 的增大而减少,称这样的关系为减函数;

当 $a=0$ 时,无论 x 怎样变化 y 均取常值 b,称这样的关系为常值函数.

三、距离与圆、椭圆、双曲线

在平面几何中还有一个公理:两点间直线段最短.我们利用这个公理来定义两点间的距离,然后把这个定义推广到一般.如图5.3所示,设两个点分别为 $A(x_1,y_1)$ 和 $B(x_2,y_2)$,用 $d(A,B)$ 来表示这两点间的距离,由勾股定理可以得到直线段的长度为

$$d(A,B)=\sqrt{(x_2-x_1)^2+(y_2-y_1)^2}. \qquad (5.2)$$

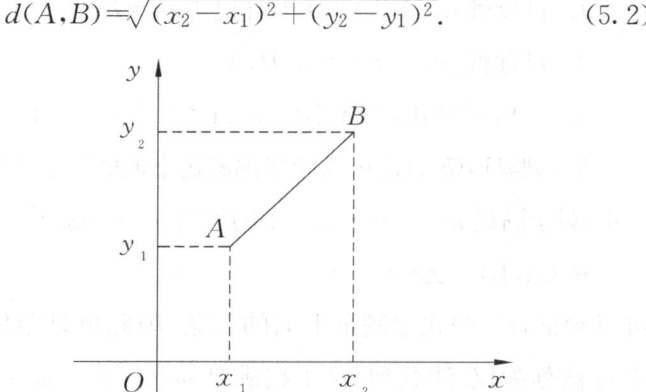

图 5.3 两点间距离

显然,可以把这个定义推广到 n 维空间两点间的距离.设 n 维空间中的两个点分别为 $A(x_1,\cdots,x_n)$ 和 $B(y_1,$

$\cdots, y_n$),仍然用用 $d(A,B)$ 来表示这两点间的距离,一个类似(5.2)式的定义为

$$d(A,B)=\sqrt{(y_1-x_1)^2+\cdots+(y_n-x_n)^2}. \quad (5.3)$$

注意到,当 $n=1$ 时,上式的定义与我们曾经定义的绝对值是一致的.可以把(5.3)式写成简单的形式

$$d^2(A,B)=\sum(y_i-x_i)^2,$$

其中 $\sum$ 被称为和号,表示 i 从 1 到 n 求和.和号虽然只是一个抽象了的表达形式,但是,表达的简约有利于思考的深刻,后来人们在这个基础上发明了积分的符号.

▶ 人们从"两点间直线段最短"这个公理出发,最终给出了距离的抽象定义,但是其核心思想"最短"没有变,这表现在定义的第三个性质中.

当然,可以根据实际问题的背景定义各种形式的距离,这就需要给出距离一个一般的定义.人们在长期的应用中抽象出了关于距离的三条共性,后来就把这三条作为距离的定义. **距离是一个二元函数**,满足:

1. 自反性:$d(A,B)=0$ 当且仅当 $A=B$;
2. 对称性:$d(A,B)=d(B,A)$;
3. 三角不等式:$d(A,B)\leqslant d(A,C)+d(C,B)$.

容易验证,(5.2)式和(5.3)式都满足上面的三个条件.进一步,对于满足 $\omega_1+\cdots+\omega_n=1$ 的正数 $\omega_1,\cdots,\omega_n$,令

$$d^2(A,B)=\sum(y_i-x_i)^2\omega_i, \quad (5.4)$$

可以验证,(5.4)式也满足上面的三条,因此也是距离,其中 ω_i 被称为权.注意到,对于权满足 $\omega_1+\cdots+\omega_n=1$ 的要求不是本质的,因为对于给定的正数 $a_1,\cdots,a_n$,我们总可以令

$$\omega_i=\frac{a_i}{a_1+a_2+\cdots a_n},$$

其中 $i=1,\cdots,n$.

有了距离就可以讨论圆的表达式了. **圆的几何定义**是:(在平面内)到一定点的距离相等的点的轨迹.设定点为 $A(a,b)$,动点为 $B(x,y)$,距离为 r,由距离定义(5.2),可以得到圆的表达式为

$$(x-a)^2+(y-b)^2=r^2.$$

显然,当我们把定点设在原点,即 $a=b=0$ 时,圆的方程可以化为更简单的形式:

$$x^2+y^2=r^2.$$

下面我们讨论椭圆.回忆**椭圆的几何定义**:到两个定点的距离之和相等的点的轨迹.为了讨论的方便,设两个定点都在横轴上,分别为 $A(-a,0)$ 和 $B(a,0)$,动点为 $P(x,y)$,距离为 $2p$.

◀ 这也是特指"在平面内".

现在分析动点 $P(x,y)$ 的坐标,参见图 5.4.当动点

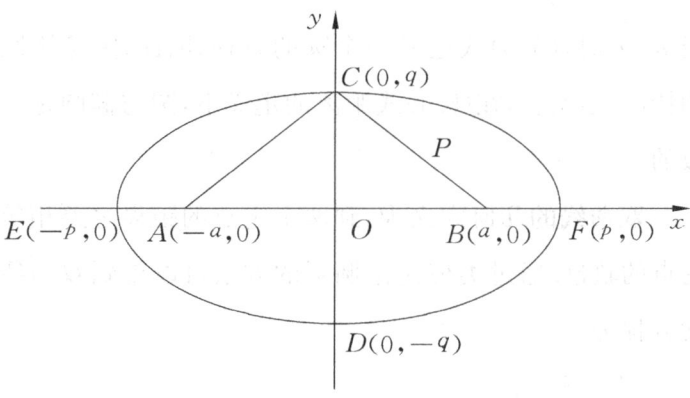

图 5.4 椭圆方程图像

在横轴上并且在 O 的右侧时,$y=0$ 和 $x-a+x+a=2p$,即 $x=p$;同理,当动点在横轴上并且在 O 的左侧时,$y=0$ 和 $x=-p$.当动点在纵轴上 O 的上方时,$x=0$ 并设 $y=q$;那么,当动点在纵轴上 O 的下方时,$x=0$ 和 $y=-q$.

由椭圆的定义,点 $C(0,q)$ 到点 $B(a,0)$ 的距离为 p,则由勾股定理可以得到 $a=\sqrt{p^2-q^2}$.下面的方程是符合这些条件的:

$$\frac{x^2}{p^2}+\frac{y^2}{q^2}=1, \tag{5.5}$$

因为当 $x=0$ 时 $y=\pm q$;当 $y=0$ 时 $x=\pm p$.

我们可以进一步验证,(5.5)式与 $\sqrt{(x-a)^2+y^2}+\sqrt{(x+a)^2+y^2}=2p$ 的解是一致的,因为上式是依据椭圆的几何定义,即等式左侧的两项分别是动点 $P(x,y)$ 到定点 $B(a,0)$ 和 $A(-a,0)$ 的距离,其和为常数 $2p$.于是我们可以等价地定义(5.5)式为椭圆的方程.在推导的过程中,利用 $e=\dfrac{a}{p}$ 是比较方便的,称之为椭圆的离心率.因为当 $p=q$ 时,(5.5)式还是一个圆的方程,因此,圆是椭圆的特例.事实上,在(5.4)式距离的定义下,圆与椭圆是一致的.

> 这里也是特指"在平面内".

双曲线的几何定义为:到两个定点的距离之差相等的点的轨迹.通过类似讨论椭圆的方法可以得到双曲线的方程为

$$\frac{x^2}{p^2}-\frac{y^2}{q^2}=1,$$

两个定点分别为 $A(-a,0)$ 和 $B(a,0)$,其中 $\sqrt{p^2+q^2}=a$,双曲线的离心率依然是 $e=\dfrac{a}{p}$,但是其中 a 的含义与椭圆时是不同的.

四、证明的几何直观

利用直角坐标系,不仅能够推导出几何图形的代数表达式,还能够帮助我们利用几何直观来研究代数问题,我们举例说明.考虑这样的问题:对于给定的两个数 x 和 y,求使得

$$(x-b)^2+(y-b)^2$$

达到最小的 b.也就是说要找到一个数 $b_0 \neq 0$,使得对任意的 b 有

$$(x-b_0)^2+(y-b_0)^2 \leqslant (x-b)^2+(y-b)^2.$$

由于表达式的类似,我们会想到由(5.2)式所定义的距离.把两个给定的数看做二维平面的点,用 $A(x,y)$ 表示,对于任意数 b 可以看作数对 (b,b),用点 $B(b,b)$ 表示.

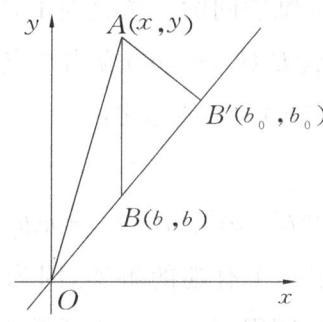

图 5.5 投影的几何解释

回忆关于直线的讨论,由图 5.5 可以看到,点 $B(b,b)$ 是在通过第一象限和第三象限、与横坐标倾斜 $45°$ 角的直线上,我们需要在这条直线上寻找一点,使得这一点到给定点 $A(x,y)$ 的距离最短.显然,这一点应当是点 $A(x,y)$ 到直线的垂足,设其为 $B'(b_0,b_0)$.因为

◀ 在数学的应用中,投影是一个非常重要的工具.因为投影是到一个子空间距离最短的点,因此往往是实际问题中的最优解.

$$(x-b)^2+(y-b)^2=(x-b_0+b_0-b)^2+(y-b_0+b_0-b)^2=(x-b_0)^2+(y-b_0)^2+2[(x-b_0)+(y-b_0)](b_0-b)+2(b_0-b)^2. \qquad (5.6)$$

由图5.5,可以把上式左边看做线段 AB 长的平方,上式右边的前两项看做线段 AB' 的长的平方,最后一项看做线段 BB' 的长的平方,因为 B' 是 A 到直线的垂足,由勾股定理,上式右边第三项应当为0,即 $(x-b_0)+(y-b_0)=0$,由此可以得到 $b_0=\frac{1}{2}(x+y)$。

利用(5.3)式所定义的距离,很容易把上面的结果推广到 n 个数的情况:对于给定的 n 个数 $x_1,\cdots,x_n$,求使得

$$(x_1-b)^2+\cdots+(x_n-b)^2$$

达到最小的 b。用点 $A(x_1,\cdots,x_n)$ 表示给定的 n 个数,点 $B(b,\cdots,b)$ 是在 n 维空间的一条直线上,类似 $n=2$ 的情况。因为所求的点 $B'(b_0,\cdots,b_0)$ 应当是点 A 到这条直线垂足,可以得到(5.6)式一般形式:

$$\sum(x_i-b)^2=\sum(x_i-b_0)^2+2(b_0-b)\sum(x_i-b_0)+n(b_0-b)^2. \qquad (5.7)$$

> 利用几何直观,无论是对阐述问题,还是寻求解决问题的方法都是有利的,但是最终还需要清晰的代数表达.

我们得到了一个有趣的事实,因为使用了一般的符号,对于 n 维空间得到了一个比2维空间更为清晰的表达式。与 $n=2$ 的情况一样,上式左边是线段 AB 长的平方,右边的第一项是线段 AB' 的长的平方,第三项是线段 BB' 的长的平方,因为 B' 是 A 到直线的垂足,由勾股定理,右边第二项应当为0,因此,可以得到

$$b_0=\frac{x_1+\cdots+x_n}{n}.$$

可以看到,我们得到的 b_0 恰恰是 n 个数 $x_1,\cdots,x_n$ 的算术平均,这也说明了为什么在进行数据分析时常常会用到算术平均的理由.

通过上面的例子可以看到,借助直角坐标系有利于建立几何直观,这对于分析和解决代数问题也是非常重要的.

五、利用直角坐标系的几何直观进行现实数据分析

我们下面要讨论的内容,已经属于现代数学了,但是希望通过下面的例子说明,借助直角坐标系的几何直观,还能够帮助人们分析现实数据.

下表中列出了我国 1992 年到 2004 年国内生产总值 (GDP),在图 5.6 中,把年份与对应的 GDP 构成的数对描点. 由描点可以看到,这段时间的 GDP 大概成线性增长趋势,这就启发我们可以用一条直线刻画这个变化趋势. 参照(5.1)式,我们设这条直线的方程为 $y=a+bx$,其中 a 和 b 为未知参数,是需要估计的. 很显然,我们可以给出各种估计量,因而可以给出各种直线方程来刻画这些数据. 现在的问题是,如何给出一个"好"的估计量,从而确定一个"好"的直线方程呢?

1992～2004 中国 GDP 变化表(亿元)

年份	1992	1993	1994	1995	1996	1997	1998
GDP	23938	34634	46759	58478	67885	74463	78345
年份	1999	2000	2001	2002	2003	2004	
GDP	82067	89468	97315	105172	117390	136876	

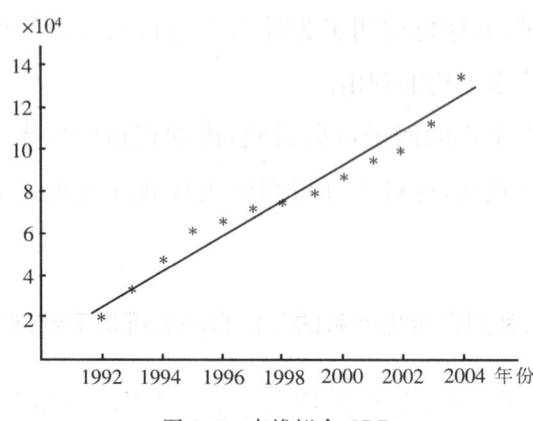

图 5.6　直线拟合 GDP

为了方便起见,我们用 x_1 对应于 1992 年,x_2 对应于 1993 年,$\cdots$,x_{13} 对应于 2004 年,这样图 5.6 上的点对应于数对 (x_i, y_i),$i=1,\cdots,13$. 用 $\hat{a}$ 和 $\hat{b}$ 分别表示 a 和 b 的估计量,那么,对于给定的 x_i 就能得到直线上的点 $\hat{y}_i = \hat{a} + \hat{b} x_i$,我们称这个值为估计值,称真实数据与估计值之差 $y_i - \hat{y}_i$ 为估计误差. 显然,一个"好"的标准就是使估计误差达到最小,为了避免正负抵消,人们考虑一个"好"的标准就是使误差平方和达到最小,即选择 $\hat{a}$ 和 $\hat{b}$,使得对任意的 a 和 b 均有

$$\sum (y_i - \hat{a} - \hat{b} x_i)^2 \leqslant \sum (y_i - a - b x_i)^2, \quad (5.8)$$

其中 $\sum$ 是对 $i=1,\cdots,13$ 求和. 现在,我们用类似 (5.7) 式的方法求满足上式的 $\hat{a}$ 和 $\hat{b}$. 因为在 (5.8) 式中 a 是与下标无关的数,由 (5.7) 式的讨论,无论 b 取什么值,使得 (5.8) 式达到最小的 a 必为 $\bar{y} - b\bar{x}$,其中 $\bar{x}$ 和 $\bar{y}$ 分别为算术平均,即

$$\bar{x}=\frac{x_1+\cdots+x_n}{13} \text{ 和 } \bar{y}=\frac{y_1+\cdots+y_n}{13}.$$

把这个结果代入(5.8)的右边可以得到

$$\sum(y_i-a-bx_i)^2 = \sum(y_i-\bar{y}+b\bar{x}-bx_i)^2$$
$$=\sum[(y_i-\bar{y})-b(x_i-\bar{x})]^2$$
$$=\sum\left(\frac{y_i-\bar{y}}{x_i-\bar{x}}-b\right)^2\cdot(x_i-\bar{x})^2.$$

可以看到,上式的右边是由(5.4)式定义的距离的形式,其中$(x_i-\bar{x})^2$是权.类似对于(5.7)式的讨论,为使上式达到最小,应当有

$$\sum\left(\frac{y_i-\bar{y}}{x_i-\bar{x}}-\hat{b}\right)(x_i-\bar{x})^2=0,$$

则有

$$\hat{a}=\bar{y}-\hat{b}\bar{x},\quad \hat{b}=\frac{\sum(x_i-\bar{x})(y_i-\bar{y})}{\sum(x_i-\bar{x})^2}. \tag{5.9}$$

人们称用这样的方法得到的估计为**最小二乘估计**,并称由这样的估计得到的直线方程为**线性回归方程**. 对于表中的数据,利用上面的公式,我们可以计算得到$\hat{a}=20509.19,\hat{b}=8199.68$,因此中国 1992～2004 年 GDP 的线性回归模型为

$$y = 20509.19 + 8199.68x.$$

上述模型不仅描述了 GDP 的线性变化趋势,也能够进行预测,比如从上式中可以计算得到 2005 年中国 GDP 的预测值为 135305(亿元),但实际 GDP 为 183868(亿元),这个差比较大,说明用直线来进行预测并不一定是最合适的. 仔细分析图 5.6 可以看到,我们可以寻找一条非线性曲线,比如图 5.7 所描绘的四次曲线. 通过计算我

◀ 更为详细的讨论,参见第十二讲.

◀ 数学不仅要求得正确的方法,有时候还要找更好的方法.

们得到这个四次方程为

$$y = 9988.95 + 13028.66x + 271.29x^2 + 175.96x^3 + 10.44x^4,$$

其中系数的确定依然是用最小二乘估计.由图 5.7 可见,用四次曲线来刻画中国 GDP 的变化趋势比用直线更合适一些,这时对 2005 年 GDP 的预测值为 163911(亿元).

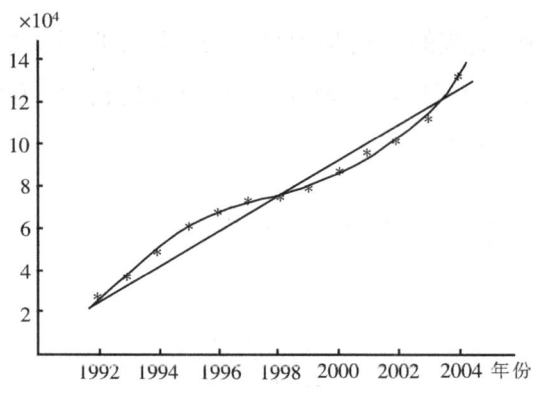

图 5.7　四次曲线拟合 GDP

第六讲　微积分的产生

阅读提示

人类对数学的创造最重要的工作之一就是发明了微积分,借助现实模型,极其成功地引入了对数学后来发展起决定性作用的若干思想.微分的核心思想在于极限运算,通过导数可以比较直观地理解极限的意义;积分最初的目的是计算曲边多边形的面积,积分的本质是求和的极限运算.牛顿-莱布尼茨公式在微分与积分之间建立了桥梁,构成了微积分的重要基石.

一、微积分产生的背景

如果说,人类对于数学的创造,第一个最重要的工作是给出了数和数的运算法则的话,那么,第二个最重要的工作就是发明了微积分.正如恩格斯在《自然辩证法》中所说[①]:

在一切理论进步中,同17世纪下半叶发明的微积分比较起来,未必再有别的东西会被看做人类精神如此崇高的胜利.如果说在什么地方可以出现人类精神的纯粹

---

① 见:马克思,恩格斯.马克思恩格斯选集:第4卷.北京:人民出版社,1995:365.

的和唯一的业绩,那就正是在这里.

英国《不列颠百科全书》认为①:

微积分的产生与发展是近代技术文明产生的关键事件之一,它引入了若干极其成功的、对以后许多数学的发展起决定性作用的思想.

文艺复兴是从重新认识古希腊文明开始的,进而重新恢复了人的地位和尊严.先是地中海沿岸的意大利,逐渐扩展到整个欧洲,新的思想、新的科学、新的技术如雨后春笋,这些都构成了微积分产生的背景.就新思想而言,必须提及两位杰出的人物,一位是英国哲学家培根②(Bacon,1561~1626),一位是我们已经说到的解析几何的创始人笛卡儿,他们倡导理性精神和实证方法,他们的思想无论是对自然科学还是对人文科学都产生了积极而深远的影响.据说培根的文笔非常好,他的散文可以与莎士比亚③的韵文媲美④.培根探求研究科学的方法,他是近

▶ 培根认为,就发现真理而言,三段论的坏处多于好处,三段论是演绎推理的核心.

---

① 见:中译本:简明不列颠百科全书:第3卷.北京:中国大百科全书出版社,1986:111.
② 弗兰西斯·培根(Francis Bacon,1561~1626),英国哲学家和科学家.培根被认为是现代科学时代的始祖.他是第一个意识到科学技术能够改造世界面貌的哲学家,热情支持实验科学研究.培根是近代哲学史上首先提出经验论原则的哲学家.他重视感觉经验和归纳逻辑在认识过程中的作用.其名言是"知识就是力量".培根的最伟大的哲学著作之一名叫"新工具".培根从1605年起开始写作,但没有完成的《科学推进论》,被认为是自亚里士多德时代以来另一本最伟大的著作之一.
③ 莎士比亚(William Shakespeare,1564~1616),英国著名戏剧家和诗人,1564年生于英格兰斯特拉福镇.他是16世纪后半叶到17世纪初英国最著名的作家(本·琼斯称他为"时代的灵魂"),也是欧洲文艺复兴时期人文主义文学的集大成者.他共写有37部戏剧,154首14行诗,两首长诗和其他诗歌.
④ 见:杜兰特(Durant)著.探索的思想:哲学的故事.武国强,周兴亚译.北京:文化艺术出版社,1991.

第六讲 微积分的产生

代归纳法的创始人.培根说过一句我们熟知的名言:知识就是力量.笛卡儿的名言是:我思故我在.他寻求建立真理的方法,强调直觉和演绎①,他的思想深刻地影响了17世纪的欧洲,甚至影响到牛顿②和莱布尼茨.

新的科学是从哥白尼③开始的,他的日心说冲破了欧洲中世纪的黑暗.1543年哥白尼的《天体运行论》出版;1608年荷兰人发明了望远镜,推动了天文学的发展,也推动了光学的研究;1619年开普勒④完成了行星运动的三大定律,用椭圆描绘了行星的运动轨迹(参见第十二讲);1626年费马、1637年笛卡儿完成了解析几何的工作,把

资料图片

牛顿

---

① 见:中译本:谈谈方法.王太庆译.北京:商务印书馆,2000;探求真理的指导原则.管震湖译.北京:商务印书馆,2005.
② 牛顿(I. Isaac Newton,1642~1727),英国最重要的科学家,在数学、力学、物理学、天文学、化学、自然哲学方面都有重要贡献.其中,数学成就占有突出地位,而且牛顿依靠他所创立的数学方法实现了自然科学的一次巨大进步.
③ 哥白尼(Nicolaus Copernicus,1473~1543),波兰天文学家、日心说创立者,近代天文学的奠基人.
④ 开普勒(Johannes Kepler,1571~1630),德国天文学家.行星运动定律的创立者.开普勒对天文学的贡献几乎可以和哥白尼相媲美.事实上从某些方面来看,开普勒的成就甚至给人留下了更深刻的印象,他更富于创新精神.除了发明行星运动定律外,他还对天文学作出了许多小的贡献,也对光学作出了重要的贡献.

几何图形与代数式有机地结合起来;1638年伽利略①用方程表述了自由落体,用抛物线描绘了弹道轨迹.1642年伽利略去世,同年,牛顿诞生.

虽然有许多数学家对于微积分的产生作出过杰出的贡献,包括开普勒、费马、法国数学家帕斯卡②(Pascal,1623~1662)以及牛顿的老师、剑桥大学三一学院的巴罗③(Barrow,1630~1677),牛顿也明确地说过,"如果说我比别人看得更远些,那只是因为我站在巨人的肩膀上",但是,对于微积分进行系统阐述、从而建立起这门学科的还应当归功于两位伟人:牛顿和莱布尼茨.

二、微积分的思想分析

微积分的核心思想是极限运算,通过导数可以比较直观地理解极限的意义,一个好的例子就是瞬时速度,就像牛顿所思考的那样.伽利略用函数 $s(t)=\frac{1}{2}gt^2$ 描述了一个自由落体经过了时间 t 的下降距离,其中 g 是重力作用下的加速度:如果时间单位是秒,距离单位是米,那么地球上的重力加速度 g 近似为 9.8.这样,伽利略的自由落体定律可以近似用

$$s(t) = 4.9t^2 \tag{6.1}$$

> 伽利略强调物理学原理必须是建立在经验及实验基础之上,他用数学模型描述物理现象,不仅对现代物理学,并且对近代数学产生了重大影响.

---

① 伽利略(Galileo Galilei,1564~1642),意大利物理学家、天文学家和哲学家,近代实验科学的先驱者,因坚持地球既围绕太阳旋转、同时自转的学说,被罗马天主教宗教法庭审判.
② 帕斯卡(Blaise Pascal,1623~1662),法国著名的数学家、物理学家及思想家.1623年6月19日生于克莱费朗,1662年8月19日逝世于巴黎.
③ 巴罗(Isaac Barrow,1630~1677),英国数学家、物理学家.生于伦敦,卒于同地.最重要的科学著作是《光学讲义》和《几何学讲义》,后者包含了他对无穷小分析的卓越贡献.

表示. 如果一个物体下降 4 秒以后还没有落地,那么,这个物体的下降距离为 $s=4.9\times 16=76.6$(米). 现在我们的问题是:这个物体下落 4 秒时的速度是多少? 也就是说,这个物体下落 76.6 米时的速度是多少? 回想我们过去使用的物体运动公式:距离＝速度×时间,这是在假设物体运动的速度是均匀的前提下得到的公式,如果物体运动速度不是均匀的,就用平均速度来代替公式中的速度. 这就启发我们思考:是否可以用很短的时间间隔的平均速度来代替瞬时速度呢? 如果可以的话,这个时间间隔需要多短呢?

假定在 4 秒以后有一个时间增量 h,在时间 $4+h$ 时物体下落的距离增量为 m,由(6.1)可以得到

$$76.6+m=4.9\times(4+h)^2=4.9\times(16+8h+h^2),$$

等式两边减去 76.6 并除以 h 有

$$\frac{m}{h}=\frac{39.2h+4.9h^2}{h}$$

$$=39.2+4.9h. \qquad (6.2)$$

上式的右边就是物体下落 4 秒以后时间间隔 h 内的平均速度. 按照我们的设想,如果令时间间隔 h 为 0,那么,由(6.2)式的右边可以得到物体下落 4 秒时的瞬时速度为 39.2 米/秒. 于是牛顿定义当 h 趋于 0 时(6.2)式的左边的比值为瞬时速度,并称其为流数(类似导数).

这种计算是非常美妙的,用静态的计算刻画了动态过程的瞬间,就像高速摄影的定格一样. 至少对于自由落体定律,这种计算是可行的,在直观上也是可以认同的. 我们可以把这种方法推广到更一般的情况,令函数 $f(t)$

表示一个物体随着时间 t 变化的运动方程,我们计算在时刻 t_0 时物体运动的瞬时速度,现在令 Δt 表示时间的增量,根据(6.2)式的想法,当 Δt 趋于 0 时,可以定义

$$瞬时速度 = \frac{f(t_0 + \Delta t) - f(t_0)}{\Delta t}. \qquad (6.3)$$

我们用 $f'(t_0)$ 表示这个"瞬时速度",并称这个计算的过程为"求导数".

▶ 自由落体的运动方程只不过是一类特殊的二次方程,但因为其物理意义而构成了数学模型,其中重力加速度 g 是一个参数,与引力有关,在地球上 $g=9.8$,在月球上大约为地球上的 $\frac{1}{6}$.

现在考虑伽利略描述的自由落体方程 $s(t) = \frac{1}{2}gt^2$ 求导数的一般情况,类似(6.2)式的计算,对时刻 t,求导数后可以得到速度方程为 $s'(t) = gt$,用同样的方法,再求一次导数可以得到 $s''(t) = g$. 我们称 $s'(t)$ 为一阶导数,称 $s''(t)$ 为二阶导数. 于是,运动方程的一阶导数为速度,二阶导数为加速度,多么简洁清晰的计算!多么合情合理的表述!

但是,对于这个一般的表达式(6.3),我们的理性遇到了挑战:时间增量 Δt 到底是等于 0 还是不等于 0?这也促使我们必须重新审视(6.2)式的合理性.令(6.2)式右式中的 h 为 0 是无所谓的,只是一个规定而已.问题出在(6.2)式的左边,也就是牛顿所定义的流数:如果假定时间间隔 h 非常小时,距离差 m 也非常小,那么,当 $h=0$ 时比值 $\frac{m}{h}$ 将要为 $\frac{0}{0}$,根据我们四则运算的知识,这个比值是无意义的.

牛顿解释不清楚他所定义的流数,他在 1676 年发表的《求曲边形的面积》中说:

第六讲　微积分的产生

流数,可以随我们的意愿,任意接近在尽可能小的时间间隔中产生的流量的增量,精确地说,是最初增量的最初比.

在巨著《自然哲学的数学原理》中他已经用极限来解释:

它与无限减少的量所趋近的极限的差能够比任何给出的差更小,但在这些量无限减少之前不能越过也不能达到这个极限.

还有一个问题是需要研究的,如果(6.3)式中的函数是一个分段函数的话,那么,当 t_0 在分段点时,是不可能得到类似(6.2)式的结果的,那么,问题是:为保证当 Δt 趋于 0 时(6.3)式右边的极限存在,函数需要满足什么条件?

现在我们可以看到问题的症结所在:**如果把极限看做一种运算,与四则运算不同,现在既解释不清运算的规则,也判断不了运算的对象**.

尽管还有许多问题说不清楚,牛顿却没有花费更多的精力作进一步的研究,因为牛顿认为数学只是表述自然定律的一种工具,于是牛顿用他的数学方法成功地描述了他那个时代所关心的一切自然现象:物体下落、行星运动、彗星周期、海洋潮汐、光的折射、力的表达等等.这充分说明**牛顿已经很好地开始了关于极限运算的第一步**

抽象. 当然, 为了求得合理的解释我们还需要第二步抽象, 但是, 正如我们在"减法"那一讲谈到的那样, 虽然第二步抽象的结果在形式上可能是美妙的, 但第一步抽象却是更为重要, 因为第一步抽象发现的是新的知识, 而第二步抽象是合理地表达了新的知识.

> 牛顿和莱布尼茨的工作启发我们, 在建立一个新的运算时, 或者借助物理背景, 或者借助几何背景.

莱布尼茨研究的问题以及研究的手法与牛顿不同, 但是在本质上是一样的, 都用到了极限计算. 莱布尼茨首先定义了函数, 在他 1673 年的一部手稿中用到了 function 一词, 表示任何一个随着曲线上的点变动而变动的量的纵坐标[①], 然后他研究曲线的切线. 曲线的切线与导数有关, 比速度更具有几何直观, 并且与光学以及行星运动联系密切. 对于给定的曲线 $y=f(x)$ 和点 x_0, 我们希望得到过点 $A(x_0, f(x_0))$ 的曲线的切线. 如图 6.1 所示, 点 $A(x_0, f(x_0))$ 在曲线 $y=f(x)$ 上, 其中 $f(x_0)$ 为对应 $x=x_0$ 时 y 轴的坐标. 根据定义, 切线是一条经过点 A 并且在点 A 附近与曲线仅有一个交点的直线.

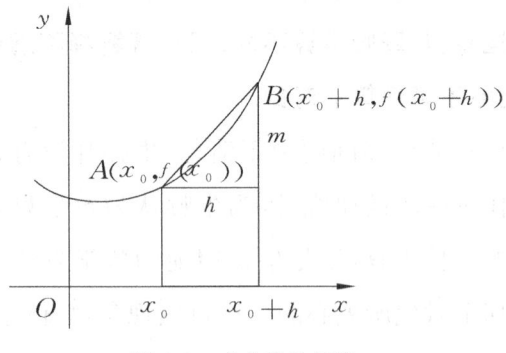

图 6.1 求曲线的切线

---

① 见: 克莱因(M. Kline)著. 古今数学思想. 张理京, 张锦炎译. 上海: 上海科技出版社, 1979.

第六讲 微积分的产生

回忆对于直线方程(5.1)的讨论,我们只需要再求出切线的斜率就可以得到切线方程了. 可是如何计算斜率呢？类似牛顿的思考,在 x 轴的 x_0 处给一个增量 h,于是在 y 轴的 $f(x_0)$ 处可以得到一个对应的增量 $m = f(x_0 + h) - f(x_0)$. 如图 6.1 所示,比值 $\frac{m}{h}$ 为割线 AB 的斜率,其中 B 的坐标为 $(x_0 + h, f(x_0 + h))$. 显然,当增量 h 趋于 0 时增量 m 也趋于 0. 可以想象这时割线 AB 与曲线将会只有一个交点,于是莱布尼茨定义这时的比值为切线的斜率,并且用符号 $\frac{\mathrm{d}y}{\mathrm{d}x}$ 表示. 这个符号沿用至今,我们称 $\frac{\mathrm{d}y}{\mathrm{d}x}$ 为函数 y 对 x 的导数. 经过大约十二年的努力,莱布尼茨于 1684 年在《教师学报》上发表了他的第一篇关于微积分的论文,这也是第一篇系统阐述微积分的论文①. 比较(6.3)式可以看到,莱布尼茨的方法与牛顿的方法实质是一样的,并且与牛顿一样,莱布尼茨也不能很好地解释极限运算的规则. 但是莱布尼茨是一位伟大的哲学家,面对来自各个方面的"过分苛刻"的批评,他在 1695 年的《教师学报》的文章中给出了富有哲理的、今天仍然有价值的回答："过分的审慎不应该使我们抛弃创造的成果."同时,莱布尼茨进一步思考了无穷小量的阶,认为当 h 是一个无穷小量时,诸如 h^2, h^3 这样的 h 的任意次幂将是更小的量,可以忽略. 1699 年他在给朋友的一封信中写道:

▷ 显然莱布尼茨也没有解决 $\frac{0}{0}$ 的问题,但他创造了一个符号来摆脱这个困境.

---

① 牛顿对于发表自己的研究成果非常谨慎,去世后留下大约五千页的未发表的手稿,经过近三百年的整理,剑桥大学出版社从 1967 年起分八卷陆续出版,其中第一卷有一篇(p400~p448)牛顿写于 1666 年的关于流数的论文手稿.

考虑这样一种无穷小量将是有用的,当计算它们的比的时候,不把它们当做零,但是只要它们与不可比较的大量一起出现时,就把它们舍弃.例如,如果我们有 $x+\mathrm{d}x$,就把 $\mathrm{d}x$ 舍弃.

可以看到,莱布尼茨已经说出了我们今天在分析学中经常使用的高阶无穷小的思想.如果曲线方程为 $y=ax^2$,类似(6.2)式的计算可以得到 $\frac{\mathrm{d}y}{\mathrm{d}x}=2ax$,如果令 $a=4.9$ 和 $x=4$,则 $\frac{\mathrm{d}y}{\mathrm{d}x}=39.2$,这与(6.2)式计算的结果是一致的.

微分远没有导数那样直观,但与导数有着密切的联系.当导数 $\frac{\mathrm{d}y}{\mathrm{d}x}=2ax$ 时,对应的微分形式为 $\mathrm{d}y=(2ax)\mathrm{d}x$. 我们已知导数时,**微分是函数增量的一个近似表达**,当 x 得到一个增量 $\mathrm{d}x$ 时则 y 得到一个增量 $\mathrm{d}y$. 回忆(5.1)式,这个增量是 $\mathrm{d}x$ 的一个线性函数,截距为 0,斜率为导数.当然,这个增量 $\mathrm{d}x$ 必须非常小,否则会引起较大的误差.

积分最初的目的是计算被曲线围成的区域的面积. 这是一个非常古老的问题,一直可以追溯到古希腊的欧多克斯(Eudoxus,公元前 408~前 355)和阿基米德(Archimedes,公元前 287~前 212). 到了 17 世纪,借助直角坐标系,人们可以把这样的问题阐述得更加清晰了.

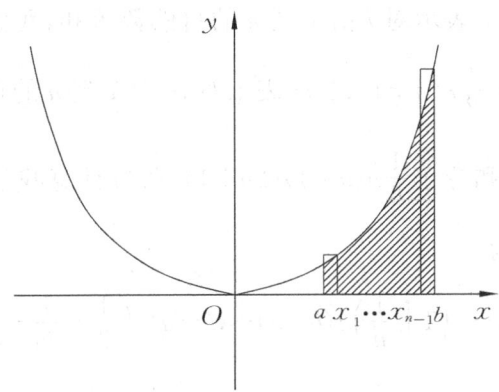

图 6.2 计算曲线下的面积

如图 6.2,要计算曲线 $y=x^2$ 下,$a \leqslant x \leqslant b$ 的面积. 因为我们会计算矩形的面积,于是就从矩形出发思考解决问题的方法. 把区间 $[a,b]$ 分为 n 等分,分点分别为 $x_1,\cdots,x_{n-1},x_n$,其中 $x_n=b$,这样可以得到 n 个宽为 $\dfrac{b-a}{n}$,高为 $y_i=x_i^2$ 的小矩形,这些小矩形面积之和为

$$(b-a) \cdot \dfrac{x_1^2+\cdots+x_n^2}{n}. \tag{6.4}$$

◀ 新方法的探求,往往要从对旧方法的总结开始.

这个面积之和显然要大于曲线下的面积,但是,当 n 逐渐增大时,面积之差将会逐渐减少. 与求瞬时速度的想法一样,如果 n 趋于无穷大(等价于 $\dfrac{1}{n}$ 趋于 0)时,上述面积之和就等于曲线下的面积.

下面我们来计算(6.4)式,由定义知道,对 $i=1,\cdots,n$,有 $x_i=a+\dfrac{i(b-a)}{n}$,因此(6.4)式可以写为

$$\dfrac{b-a}{n}\left[a^2+\dfrac{2a}{n}(b-a)\sum i+\dfrac{(b-a)^2}{n^2}\sum i^2\right],$$

其中，$\sum i$ 表示对 i 由 1 到 n 的自然数求和，我们知道这个和等于 $\frac{1}{2}n(n+1)$；$\sum i^2$ 表示对 i^2 由 1 到 n 的自然数求和，这个和等于 $\frac{1}{6}n(n+1)(2n+1)$。通过计算我们可以得到上式为

$$(b-a)\left[a^2+\left(1+\frac{1}{n}\right)a(b-a)+(b-a)^2\left(\frac{1}{3}+\frac{1}{2n}+\frac{1}{6n^2}\right)\right],$$

按照莱布尼茨的想法，高阶无穷小 $\frac{1}{n}$ 和 $\frac{1}{n^2}$ 的项都可以忽略，于是，我们得到区间 $[a,b]$ 上

曲线 $y=x^2$ 下的面积 $=\frac{1}{3}(b^3-a^3)$。

多么美妙的计算方法，多么美妙的结果！

可以把上面的计算方法推广到一般，如果我们要计算曲线 $y=f(x)$ 下，$a \leqslant x \leqslant b$ 的面积，对应于(6.3)式可以得到小矩形面积之和为 $(b-a)\sum \frac{1}{n}f(x_i)$，然后再计算求和，忽略高阶无穷小。莱布尼茨是制造符号的高手，他把这一系列过程用一个拉长 $\sum$ 符号代替，把 $\frac{b-a}{n}$ 用他曾发明的微分符号 $\mathrm{d}x$ 代替，于是有区间 $[a,b]$ 上

曲线 $y=f(x)$ 下的面积 $=\int_a^b f(x)\mathrm{d}x$，

于是，积分就建立起来了。由解析几何知道，一个函数总能与一条曲线对应，于是积分就有了很好的直观解释：**一个函数的积分就是对应曲线下的面积**。

但是从上面的运算可以知道，求和并不是一件简单

的事情,是否有更加简捷的方法来计算常见的函数的积分呢?还是来分析函数 $y=f(x)=x^2$,我们已经知道了这个函数的积分,如果令 $F(x)=\dfrac{x^3}{3}$,那么,积分的结果就可以写成 $F(b)-F(a)$. 容易验证,$F(x)$ 的导数恰为 $f(x)$,于是就在导数(微分)与积分之间建立起了桥梁:如果 $F(x)$ 的导数为 $f(x)$,那么,

$$\int_a^b f(x)\mathrm{d}x = F(b)-F(a). \tag{6.5}$$

为了纪念牛顿和莱布尼茨的贡献,人们称这个公式为**牛顿-莱布尼茨公式**.

容易看到,积分的本质也是利用了极限运算,可是对于具有如此威力的极限运算,人们依然不能清楚地表达这种运算的规则,因此不能给出合理的解释.

第七讲　极限理论的建立

阅读提示

理解极限运算是困难的,其根本原因是涉及了无穷的概念. 由牛顿和莱布尼茨发明微积分的过程可以知道,在严谨的极限理论形成之前,数学在本质上是建立在物理直观和几何直观的基础上的. 极限理论严谨化的历程实际上是数学家再抽象的过程,把数学建立在明确的定义和符号的基础上,这些抽象,涉及函数、极限、无穷小量、连续函数、导数、微分、积分、无穷级数.

一、从无穷问题到极限的表示

理解极限运算是困难的,其根本原因是涉及了无穷的概念. 在日常生活中人们遇到的事物都是有限的,因此,要抽象出无穷的概念,甚至要抽象出利用无穷进行计算的法则,实在是困难. 但是,数学历来被视为最为严谨的学科,人们通常认为由数学方法得到的结论是不容置疑的,现在数学家们却解释不清楚具有如此威力的微积分的运算规则,实在是不可容忍的事情. 在莱布尼茨1684年发表第一篇关于微积分的论文后的一百年,也就是在1784年,柏林科学院数学分部设立了一个奖项,寻求关于

第七讲 极限理论的建立

无穷问题的最佳解答,宣言如下①:

  数学的功用,它所受到的尊敬,"精确科学"这一极为贴切的桂冠,源于其原理的清晰、证明的严密及定理的精确.为了确保知识体系中这一精致部分、这些富有价值的优势,需要对所谓极限问题有一个清晰精确的理论.
  众所周知,高等几何(数学)经常使用无穷大和无穷小,然而,古代的几何学家甚至分析学者煞费苦心地避开导致无穷的任何事物,一些当代著名分析学者则认为无穷量的术语是矛盾的.因此,科学院期望得到一个解释,说明为什么从一个矛盾的假设出发却推出了那么多的正确理论,希望有一个确切清晰的描述,简而言之,一个真正的数学原理.它也许可以完全代替无穷,却又不致使按其方法进行的研究过分困难或者过分繁杂,这就需要处理这个课题时有尽可能的普遍性,尽可能的严密、清晰和简洁.

  当时的数学分部主任是法国数学家拉格朗日②(Lagrange,1736~1813),这个奖项的设立显然是与他有关系的,其中矛盾的假设这个提法也可能是他的用语,因为他

---

① 参见:M.克莱因.数学:确定性的丧失.李宏魁译.长沙:湖南科学技术出版社,1997.
② 拉格朗日(Joseph-Louis Lagrange,1736~1813),法国力学家、数学家.1736年1月25日生于意大利都灵,1813年4月10日卒于巴黎.拉格朗日20岁以前在都灵炮兵学校教数学课.1756年被选为柏林科学院外籍院士.1766年去柏林科学院接替L.欧拉担任物理数学部主任,直到1787年离开柏林到巴黎定居为止.他是分析力学的奠基人.在数学方面,他是变分方法的奠基人之一,对代数方程的研究为伽罗瓦群论的建立也起到了先导作用.百年以来数学界仍受其理论影响.

> 人们总是习惯于由已经有的概念和理论来解析事情,只有当一切尝试都行不通时,才不得不建立新的概念和理论.拉格朗日的工作是用有限量来解释无穷的最后的努力.

想避开无穷,另起炉灶用别的方法来建立微积分理论.拉格朗日 1797 年出版的《解析函数论》的副标题就是"包含微积分的主要定理,不用无穷小或正在消失的量、或极限与流数等概念,因而归结为有限量的代数分析艺术",其中"有限量的代数分析"的下面还加了重号,可见他想摈弃无穷的决心.当然拉格朗日的尝试是失败的,但是他的尝试却再一次清晰地验证了这样的事实:就数量关系而言,人们对于现实的第一步抽象是运算法则,并且,检验运算法则正确与否的标准是实践而不是证明,而证明依赖的第二步抽象是需要探索和尝试的,是依赖于人的认识水准和理解力的,甚至是可以有争议的.

两年以后即 1786 年,科学院收到 23 篇应征论文,结果是令人沮丧的,科学院发布的结果如下:

科学院收到了许多关于这个课题的论文,它们的作者都忽略了解释为什么从一个矛盾的假设出发,比如无穷大量,却能推出那么多的正确结论.他们都或多或少地忽略了对清晰性、简明性和严密性的要求.多数论文甚至没有看出来所寻求的原理不应局限于微积分,而应扩展到用古代方法研究的代数与几何中去.

科学院认为问题没有得到满意的答复.

但是,我们也发现最接近目标的是一篇法语论文,题目的格言是:无穷,是吞没我们思想的深渊.因此,科学院投票决定这篇论文的作者得奖.

获奖者是瑞士数学家惠利尔①(L'Huillier),他的论文虽然没有新的建树,但他在论文中使用符号 lim 来表示极限,这种符号表示对于建立极限理论是重要的,这个符号沿用至今. 利用莱布尼茨给出的关于导数的表示和惠利尔给出的关于极限的表示,(6.3)式所示的、牛顿没有表达清楚的瞬时速度可以写成

◀ 恰当地使用符号,可以把问题表达得更加简洁明了.

$$\text{瞬时速度} = \frac{dy}{dx} = \lim_{\Delta t \to 0} \frac{f(t_0 + \Delta t) - f(t_0)}{\Delta t}, \quad (7.1)$$

而(6.4)式,即小矩形的面积和的极限可以表示为

$$\lim_{n \to \infty} \frac{1}{n}(x_1^2 + \cdots + x_n^2)(b-a),$$

其中∞表示无穷大. 虽然还不能很好地解释极限,但是终于能够表示极限了.

二、极限的严谨理论形成历程中的两个困惑

随着研究问题的深入与广泛,数学家们越来越感到建立严谨的极限理论的必要性,下面再给出两个困扰数学家的问题.

第一个问题,**如何判断一个函数是否存在导数**. 用现在的语言,一个函数在某一点不存在导数被称为这个函数在这一点不可导. 我们曾经在关于(6.3)式的讨论中谈到,对于分段函数,在断点是不可导的. 不仅如此,对于连

---

① 惠利尔(Simon L'Huillier),瑞士数学家,他的论文《高等微积分的基本评注》于1786年获得柏林科学院竞赛奖,他的文章表述了达兰贝尔仅仅构想出一个轮廓的思想(发表于《百科全书》及《杂集》的一篇文章《微分》)的发展,在一定程度上改进了极限的理论.

> 在物理学中,时间是对称的,因此我们得到的关于时间的物理结论往往是对称的.

续函数也出现了这样的情况. 对于(7.1)式,当 Δt 趋于 0 时,$t_0+\Delta t$ 从正方向趋于 t_0. 但是,瞬时速度应当是对称的,由负方向趋于 t_0 时应当得到同样的结果,于是下面的定义也应当成立,即

$$瞬时速度 = \frac{\mathrm{d}y}{\mathrm{d}x} = \lim_{\Delta t \to 0}\frac{f(t_0)-f(t_0-\Delta t)}{\Delta t}. \tag{7.2}$$

这样就引发了问题:连续函数也可能是不可导的. 比如,函数 $f(x)=|x|$ 是一个连续函数,但在 0 点是不可导的,令 $t_0=0$,那么由正方向 $\frac{f(t_0+\Delta t)-f(t_0)}{\Delta t} \equiv 1$;由负方向 $\frac{f(t_0)-f(t_0-\Delta t)}{\Delta t} \equiv -1$. 更让数学家们感到震惊的是,德国数学家魏尔斯特拉斯[①](Weierstrass,1815~1897)在 1861 年给出了一个处处连续但是处处不可导的例子,这个函数是

$$f(x) = \sum_{n=0}^{\infty} b^n \cos(a^n \pi x), \tag{7.3}$$

其中 a 是奇数,b 是取值于 $(0,1)$ 满足 $ab > 1+\frac{3\pi}{2}$ 的常数.

这就意味着,存在一条处处没有切线的连续曲线,这与人们的几何直观相悖. 这时数学家意识到,完全凭借几何直观来分析问题是不够的,那么,应当如何来解释这些问题呢?

---

① 魏尔斯特拉斯,(Weierstrass, Karl Theodor Wilhelm,1815~1897),被誉为"现代分析之父". 1842~1856 年,先后在几所中学任教. 1854 年 3 月 31 日获得哥尼斯堡大学名誉博士学位. 1856 年 10 月受聘为柏林大学助理教授,同年成为柏林科学院成员,1864 年升为教授. 魏尔斯特拉斯的主要贡献在函数论和分析学方面. 魏尔斯特拉斯一生中培养了很多有成就的学生,其中著名的有 C.B. 柯瓦列夫斯卡娅、H.A. 施瓦兹、I.L. 富克斯等.

第七讲 极限理论的建立

第二个问题,**如何判断一个无穷级数是否收敛**. 有时候,一个函数或者无理数可以由一些简单函数或者有理数的和的形式表示,当然这个和可以是无穷,我们称这样的和为级数或者无穷级数. 比如(7.3)式就是一个无穷级数,而二项式展开是我们熟知的级数,即

$$(x+y)^n = x^n + a_1 x^{n-1} y + a_2 x^{n-2} y^2 + \cdots + a_{n-1} x y^{n-1} + y^n,$$

系数 $a_1, a_2, \cdots, a_{n-1}$ 被称为二项系数或者杨辉[①]三角[②],即

$$a_k = \frac{n(n-1)\cdots(n-k+1)}{k!},$$

其中 $k=1,\cdots,n-1$,$k!$ 表示由 1 到 k 的整数连乘. 很显然,可以对级数中的项进行逐项微分或积分,这样就可以把复杂问题化简. 牛顿对于二项式展开的使用极为熟练,他利用一般形式的二项式展开和逐项积分,得到了描述三角函数的无穷级数[③]:

$$\sin x = x - \frac{x^3}{3!} + \frac{x^5}{5!} - \frac{x^7}{7!} + \cdots + \frac{(-1)^n x^{2n+1}}{(2n+1)!} + \cdots$$

$$\cos x = 1 - \frac{x^2}{2!} + \frac{x^4}{4!} - \frac{x^6}{6} + \cdots + \frac{(-1)^n x^{2n}}{(2n)!} + \cdots$$

[①] 杨辉(生卒年份不详),字谦光,钱塘(今杭州)人,中国南宋时期杰出的数学家和数学教育家. 13 世纪中叶活动于苏杭一带,其著作甚多. "宋元数学四大家"之一,著名的数学书共五种二十一卷,即《详解九章算法》十二卷(1261 年)、《日用算法》二卷(1262 年)、《乘除通变本末》三卷(1274 年)、《田亩比类乘除算法》二卷(1275 年)、《续古摘奇算法》二卷(1275 年). 杨辉的数学研究与教育工作的重点是在计算技术方面,他对筹算乘除捷算法进行总结和发展,有的还编成了歌诀,如九归口决. 他是世界上第一个排出丰富的纵横图和讨论其构成规律的数学家.
[②] 又称贾宪三角,这个方法基于名为"开方作法本愿"的图,记载于《永乐大典》.
[③] 详细讨论见:爱德华著.微积分发展史.张鸿林译.北京:北京出版社,1987.

多么对称,多么简洁美妙!通过逐项微分容易知道,$\sin x$ 的导数可以用 $\cos x$ 表示,$\cos x$ 的导数可以由 $\sin x$ 表示,即 $(\sin x)' = \cos x$ 和 $(\cos x)' = -\sin x$.利用这个结果可以得到反正切函数的导数,再利用微积分基本定理可以得到下面的结果:

$$\arctan b - \arctan 0 = \int_0^b \frac{1}{1+x^2}\mathrm{d}x,$$

因为 $\arctan 0 = 0$,当 $b = 1$ 时 $\arctan b = \frac{\pi}{4}$,于是从上式可以得到

$$\frac{\pi}{4} = \int_0^1 \frac{1}{1+x^2}\mathrm{d}x. \tag{7.4}$$

对于 $(1+x^2)^{-1}$ 用二项式展开的一般公式可以得到

$$\frac{1}{1+x^2} = 1 - x^2 + x^4 - x^6 + x^8 - x^{10} + \cdots$$

我们已经知道 $(x^m)' = mx^{m-1}$,由微积分基本定理,

▶ 对上式逐项从 0 到 1 积分,再利用(7.4)式可以得到著名的用交错级数表示 π 的公式

经过几千年的努力,人们终于给圆周率一个可以无穷近似的表达了.

$$\frac{\pi}{4} = \frac{1}{1} - \frac{1}{3} + \frac{1}{5} - \frac{1}{7} + \frac{1}{9} - \frac{1}{11} + \frac{1}{13} - \frac{1}{15} + \cdots \tag{7.5}$$

这个公式是莱布尼茨写给牛顿的信中首次提到的,被人们称为莱布尼茨公式.问题越来越清晰了,上面的无穷级数表明:一个无理数可以用有理数的极限形式表示.

但是,无穷级数也给数学家带来很大的迷惑.类似上面的计算,对于 $(1+x)^{-1}$ 用二项式展开的一般公式可以得到

$$\frac{1}{1+x} = 1 - x + x^2 - x^3 + x^4 - x^5 + \cdots$$

第七讲　极限理论的建立

如果令 $x=1$,通过上面的式子可以得到

$$\frac{1}{2}=1-1+1-1+1-1+\cdots=(1-1)+(1-1)+(1-1)+\cdots=0.$$

意大利数学家格兰迪[①](Grandi,1671～1742)在他 1703 年的小册子《圆与双曲线方程》中给出了上面的结果,并且认为自己证明了世界可以从无到有. 真是不可思议,问题出在什么地方呢?[②]

◀最让数学家们尴尬的是,明显错误的结果,都不知道错在什么地方.

事实上,在 17～18 世纪,无穷级数的敛散性概念尚未进入数学家的视野. 面对发散级数,他们犯了许许多多的错误.

虽然问题还有很多,但是受微积分的启发,人们认识到数学运算的方法、甚至数学的理论体系都是可以创造的,特别是微积分在自然科学、科学技术各个领域的巧妙而广泛的应用,更激发了数学家们的创造性. 在这之后的几个世纪,针对研究问题的背景的不同,一些全新的数学分支逐渐发展起来,比如,无穷级数、常微分方程、偏微分方程、微分几何、变分法、复变函数;代数学、代数数论、解析数论、非欧几何等等. 这些学科的产生对于推动数学本

---

① 格兰迪(Luigi Guido Grandi,1671～1742),意大利数学家. 1671 年 10 月 1 日生于克雷莫纳. 曾任比萨大学教授. 1742 年 7 月 4 日逝世. 格兰迪主要研究几何,尤其是特殊平面曲线,如花瓣曲线. 首次给出曲线的定义方法,著有《圆与双曲线求积法》.
② 莱布尼兹于 1715 年写给德国数学家沃尔夫(C. Wolf,1678～1754)的信中认为格兰迪的结果是对的,不过他是用概率方法来论证的:由于级数的部分和数列为 1,0,1,0,1,0,…,其中 0 和 1 出现的概率相同,因此,最可能的值应为 0 和 1 的平均数,即 $\frac{1}{2}$. 莱布尼兹的这个结果也为瑞士著名数学家雅各布·伯努利(Jacob Bernoulli,1654～1705)、约翰·伯努利(Johann Bernoulli,1667～1748)所接受;后来的法国著名数学家拉格朗日(J. L. Lagrange,1736～1813)和普阿松(S. D. Poisson,1781～1840)也对其深信不疑!

身的发展,对于利用数学更好地描述现实世界都起到了极为重要的作用.

另一方面,数学家们认为,必须认真地对待微积分,正如柏林科学院所说的,必须建立一个清晰的精确的理论来解释微积分的合理性.欧拉、拉格朗日、法国数学家达兰贝尔①(D'Alembert,1717~1783)、法国数学家柯西②(Cauchy,1789~1857)、魏尔斯特拉斯等人都做出了杰出的工作.

数学家们认识到,微积分只是一种计算方法,而要把理论基础研究清楚,必须建立一个从头到尾相对成系统的学科,于是他们给这个学科起了一个非常了不起的名字:**数学分析**.到微积分为止,数学在本质上是建立在物理直观和几何直观的基础上的,人们曾经尝试仍然用物理直观和几何直观来解释微积分,如上所说,没有成功.于是,数学家们决心改变研究思路,**把数学建立在明确的定义和数学符号的基础上**,这正如我们反复谈到的,这是数学的第二步抽象,只有通过这一步抽象,才可能建立起清晰的数学理论.

---

① 达兰贝尔(Jean le Rond D'Alembert,1717~1783),法国数学家、百科全书派代表人物.达兰贝尔是一位贵妇和将军的私生子,小时被遗弃在圣让勒朗教堂中,他的名字就是从这儿来的.他兴趣广泛,才能非凡.早年曾研究法律,当过律师.后来研究医学和自然科学,再后来又热衷于哲学和数学.

② 柯西(Augustin-Louis Cauchy,1789~1857),法国数学家、力学家.1789年8月21日生于巴黎,1857年5月23日卒于索镇.19世纪前半叶最杰出的分析学家,近代数学分析严格理论体系的奠基人,在力学方面是弹性力学数学理论的奠基人.多产的数学家,被认为在数量上仅次于欧拉的人,他一生一共著789篇论文和一些书,其中有几本还是经典之作.他的全集从1882年开始出版到1974年才出齐最后一卷,总计28卷.

三、严谨的极限理论的抽象过程

严谨的极限理论是对建立在直观基础上的微积分的进一步抽象.让我们回顾一下数学家们是如何进行这一步抽象的.

(一) 数学分析研究的对象是函数

为了区别牛顿和莱布尼茨,欧拉在他 1748 年出版的《无穷小分析引论》中明确说,"数学分析是关于函数的科学".我们知道,函数的本质有三点:变量的取值是数、因变量取值唯一、借助数值以外的符号表达,而人们对于这三点的认识是逐渐清晰起来的.欧拉重新定义了函数:

> 变量的函数是一个解析表达式,它是由这个变量和一些常量以任何方式组成的.

在他 1755 年出版的《微分学》中,给出了更为明晰的定义[①]:

> 如果某变量,以如下的方式依赖于另一些变量,即当后面这些变量变化时,前者也随之变化,则称前面的变量是后面变量的函数.

可以看到,我们现行的初中数学教科书就采用了这种定义.比较莱布尼茨最初关于函数的定义,我们看到了

◀ 数学家们从微积分研究的对象入手,开始了形式化的表达和推理.

---

① 参见:梁宗巨著.数学历史典故.沈阳:辽宁出版社,1992.

> 形式化的定义便于表达,并具有一般性,但为了理解形式化的定义,物理背景和几何背景还是重要的.
>
> 由这个定义也可以看到,人们能够接受,并且最终理解变量是多么不容易.

本质的变化,在莱布尼茨那里,函数是借助几何图形描述的,而现在已经摆脱了具体的内容,形成了更为一般的、因而更为明确的定义.

柯西则在1821年出版的《分析教程》中进一步定义了变量,"依次取许多互不相同的数值的量叫做变量",并且定义了自变量和因变量.1851年,德国数学家黎曼[①](Riemann,1826~1866)给出了函数对应定义:

假定 Z 是一个变量,如果对它的每一个数值,都有未知量 W 的一个数值与之对应,则称 W 是 Z 的函数.

我们现行的高中数学教科书就采用了这样的定义.可以看到,柯西的对应的定义比欧拉的变量的定义更加抽象.到了20世纪,1939年法国的布尔巴基学派给出了更为抽象的定义,这个定义是建立在关系的基础上的:

如果定义在 X,Y 上的关系 F 满足:对于每一个 $x\in X$,都存在唯一的 $y\in Y$,使得 $(x,y)\in F$,则称 F 为函数.

美国的一些中学教材就采用这种定义[②],这是相当抽象的概念.

我们应当清楚,对于研究者而言,对事物进行抽象有

---

① 黎曼(Georg Friedrich Bernhard Riemann,1826~1866),19世纪富有创造性的德国数学家、数学物理学家.黎曼在分析与几何上有极广泛与深入的贡献,其空间观念与方法,影响及于现代理论物理,尤其是广义相对论.

② 参见:张奠宙,张广祥著.中学代数研究.北京:高等教育出版社,2006.

利于把握事物的本质,有利于分析事物之间的关联;但是,对于学习者而言,过分的抽象往往会适得其反,因为抽象必须舍去事物的一部分表象,因而也舍去了事物的生动与直观.今天,在我们已经能够很好地理解函数的时候,回顾莱布尼茨最初的关于函数的定义,反而会感到朴实和自然.

◀ 在我们的学习和教学活动中,应当充分注意到这一点,这也是知识的科学形态和教学形态的主要区别.

正是因为函数概念的建立,使得数学**由常量走向变量,由有限走向无限,由离散走向连续**.同时我们应当看到,无限和连续是非常抽象的概念,是从古至今争论不休的概念,因此要把数学建立在这样的概念之上,只有通过符号化即形式化,否则是说不清楚的,这些都与极限有关.

(二) 数学分析研究的基础是极限

事实上,牛顿已经给出了极限的想法,但如前面引用的那样,牛顿是用极限解释无穷小量.对于牛顿和莱布尼茨特别关注的无穷小量,法国数学家达兰贝尔的态度是十分明确的,在《百科全书》第四卷(1750年)的"微分"条目中,他认为"关于无穷小量所作的假设只是为了推理的简化","那些量(导数)不代表无穷小量之商,而是两个有限量之比的极限".1786年,惠利尔用符号表达了这个定义,见(7.1)式.接下来,达兰贝尔又在"极限"条目中明确指出:

◀ 极限是沟通有限和无限之间的桥梁.

当一个量以小于任何给定的量逼近另一个量时,可以说后者是前者的极限,……极限理论是微分学真正形而上学的基础……

柯西在他 1821 年出版的《分析教程》中则给出了我们今天仍然在使用的定义：

一个变量逐次所取的值无限趋向于一个固定值，使得所取的值与该定值要多小就多小，那么，就称这个定值为所有其他值的极限.

然后，柯西以及魏尔斯特拉斯用数学符号清晰地表达了上面的意思. 假定一个变量的取值依次为

$$\frac{1}{1}, \frac{1}{2}, \frac{1}{3}, \frac{1}{4}, \cdots$$

这就形成了一个数列，我们用 $\left\{\frac{1}{n}\right\}$ 表示这个数列，其中 n 由小到大依次取正整数. 虽然这个数列中的每一项都大于 0，但随着 n 的增大这个数列的取值可以无限地接近 0，于是就定义这个数列的极限为 0. 我们可以把这些话语进一步用符号来阐述：

对于任意 $\varepsilon > 0$，不管 ε 是多么的小，只要不是 0，就存在 N（比如令 N 为大于 $\frac{1}{\varepsilon}$ 的正整数），这样当 $n > N$ 时就有

$$\left|\frac{1}{n} - 0\right| < \varepsilon,$$

表示为 $\lim\limits_{n \to \infty} \frac{1}{n} = 0$.

第七讲 极限理论的建立

这表明 $\frac{1}{n}$ 与 0 之间的差可以任意的小,于是称 0 为数列 $\left\{\frac{1}{n}\right\}$ 的极限. 这种想法显然可以推广到一般,下面给出一个数列收敛到某个极限的定义:

对于数列 $\{a_n\}$ 和数值 a,如果对于任意 $\varepsilon > 0$,均存在 N,使得当 $n > N$ 时,有
$$|a_n - a| < \varepsilon,$$
则称数列 $\{a_n\}$ 是收敛的,并称 a 为数列 $\{a_n\}$ 的极限,表示为
$$\lim_{n \to \infty} a_n = a.$$

定义中所说的"对于任意 $\varepsilon > 0$"实质是在说"对于无论怎样小的正数 ε",这一点与牛顿最初的想法是一致的,只是避免了使用"无穷小量"这样很难给出定义的词语. 因此,数列收敛的定义阐述的是这样一个事实:**任意做一个包括数值 a 的区间,无论这个区间怎样小,都能找到一个 N,使得数列中 a_N 以后的所有项都在这个区间之内,则称 a 为这个数列的极限.**

下面我们来分析一个数列 $\{a_n\}$ 收敛的条件,由定义容易得到:当 n 趋向无穷时,数列中相邻两个项的差 $a_{n+1} - a_n$ 将趋向于 0,这是因为由三角不等式可以得到
$$|a_{n+1} - a_n| \leqslant |a_{n+1} - a| + |a_n - a| < 2\varepsilon, \quad (7.6)$$
而 ε 是一个可以任意的小的量. 但是,这只是一个必要条件,即任何收敛数列都必须满足的条件,如果要把这个条件作为收敛准则,还需要证明充分性. 事实上,这个条件是不充分的,即满足这个条件的数列不一定收敛,我们将在下面进一步讨论无穷级数时给出一个例子. 一个判断

数列收敛的、简洁明快的充分必要条件是柯西给出的,被称为**柯西准则**:

一个数列$\{a_n\}$收敛的充分必要条件是,对于任意给定的正整数k都有:当$n \to \infty$时,
$$a_{n+k} - a_n \to 0. \tag{7.7}$$

这比刚才说的必要条件的要求更强了,因为在必要条件中只是要求$k = 1$.

这就是第二步的抽象.可以看到,通过定义和符号的表达,已经完全摆脱了对于物理或者几何直观的依赖,有了这些基本表达,就可以摆脱牛顿和莱布尼茨以来数学出现的"解释不清"的尴尬局面了.

（三）无穷小量

牛顿和莱布尼茨研究微积分的基础是无穷小量,也正因为无穷小量给数学理论带来了混乱.回忆我们曾经谈到的,1784年柏林科学院数学分部为此专门设奖,来寻求对于无穷问题的解答,可见这个问题的重要性.现在,我们利用极限的定义来分析无穷小量.首先,无穷小量是一个变量,如果变量α依次取值为a_n,并且数列$\{a_n\}$是一个以0为极限的收敛数列,则称α是一个**无穷小量**.下面讨论高阶无穷小.如果β也是一个无穷小量,依次取值为b_n,使得$\{b_n\}$也是一个以0为极限的收敛数列,令$c_n = \dfrac{b_n}{a_n}$,如果$\{c_n\}$还是一个以0为极限的收敛数列,那么,就称β为α的**高阶无穷小**.这样,我们通过极限刻画了无穷小

量,于是,无穷小量再也不是一个固定的数而是一个收敛到 0 的变量.

(四) 连续函数

为了讨论导数的存在性,人们曾反复用到连续函数的概念,但都限于对连续函数的直观描述,而无法给出一个确切的定义.现在,我们借助极限的语言来定义连续函数,首先用极限的语言来直观地描述函数的连续性,如果说一个函数 $f(x)$ 在点 x_0 处是连续的,那么,对于任意收敛到 x_0 的数列 $\{x_n\}$,令 $y_n = f(x_n)$ 和 $y_0 = f(x_0)$,则当数列 $\{x_n\}$ 收敛到 x_0 时,函数值的数列 $\{y_n\}$ 也收敛到函数值 y_0.我们把这个描述给出一般的符号表达,就可以得到下面的定义:

称一个函数 $f(x)$ 在点 x_0 处是连续的,如果对于任意 $\varepsilon > 0$,都存在 $\delta > 0$,使得所有满足 $|x - x_0| < \delta$ 的 x 均有

$$|f(x) - f(x_0)| < \varepsilon,$$

表示为 $\lim\limits_{x \to x_0} f(x) = f(x_0)$.称一个函数在区间 $[a,b]$ 上是连续的,如果这个函数在这个区间上的每一点都是连续的.

可以看到,利用符号表达,我们能够严格地判断函数的连续性了.如果要考察二次函数 $f(x) = x^2$ 的连续性,根据上面的规则,先固定一个点比如 $x_0 = 2$,这时 $f(x_0) = 4$.因为对于任意给定的 $\varepsilon > 0$,令 δ 为小于 $\dfrac{\varepsilon}{5}$ 的正数,那么对于 $(1,3)$ 附近的所有 x,只要 $|x - 2| < \delta$,则必有 $|f(x) - 4| < \varepsilon$,根据定义函数 $f(x) = x^2$ 在 $x_0 = 2$ 处连续.因为这个方法可以适用于任何点,因此函数 $f(x) =

x^2 在整个数轴上是连续的.

我们是通过数的变化来讨论函数的连续性的,这涉及了数本身的连续性,否则很难表述甚至很难想象一个变量如何趋近一个给定的常数,很难表述也很难理解符号 $x \to x_0$ 的意义. 所以,现在出现了一个更加本质的问题:数轴上到底有哪些数? 这些数是否是连续不断的? 如何来表示这些数? 我们将在下一讲来讨论这些问题.

(五) 导数与微积分

有了上面的关于极限的符号表达,我们就能够很好地阐述导数与微积分了. 令 $F(x)$ 表示一个函数,对于给定点 x_0,如果下面的极限

$$f(x_0) = \lim_{x \to x_0} \frac{F(x) - F(x_0)}{x - x_0}$$

存在,则称函数 $F(x)$ 在 x_0 处是可导的,并称 $f(x_0)$ 为 $F(x)$ 在 x_0 处的导数;如果 $F(x)$ 在区间 $[a,b]$ 上的任何一点 x 处都是可导的,则称 $f(x)$ 为函数 $F(x)$ 的导函数,记为 $\frac{df}{dx} = f(x)$. 于是,关于牛顿的运动规律,我们可以表述为:运动方程的导数为速度,速度方程的导数为加速度. 这个表述是具有一般性的,比如,经济方程的导数为经济增长速度,经济增长速度方程的导数为经济增长加速度,等等.

借助导数的表达,我们很容易得到微分的表达式 $dF = f(x)dx$,也很容易得到不定积分的表达

$$F(x) = \int_a^x f(t)dt.$$

其中 a 是一个给定的常数,并且有 $F'(x) = f(t)$. 我们很

容易把不定积分转化为定积分,即转化为(6.5)式给出的牛顿-莱布尼茨公式.由此可以进一步看到,微分与积分的关系是十分密切的,我们也可以从积分的角度来表达牛顿所描述的运动规律:加速度的不定积分是速度,速度的不定积分是运动方程.

（六）无穷级数

在这一讲的开始部分我们谈到,许多数学家曾经被无穷级数

$$1-1+1-1+1-1+\cdots \quad (7.8)$$

所困扰,现在借助极限表达就可以清晰地讨论这个问题了,先讨论一般的情况,令

$$a_1+a_2+a_3+\cdots \quad (7.9)$$

是一个级数,用 $s_n = a_1 + a_2 + \cdots + a_n$ 表示这个级数的前 n 项的部分和,这样我们就可以得到一个由前 n 项和构成的数列

$$s_1, s_2, s_3, \cdots$$

并且把无穷级数的问题转化为数列极限的问题.如果存在一个数 s,使得当 $n \to \infty$ 时 $s_n \to s$,即 s 为数列 $\{s_n\}$ 的极限,则称无穷级数(7.9)是收敛的,否则称这个级数是发散的.用这个定义容易验证(7.5)式的级数是收敛的.下面讨论(7.8)式中的无穷级数,由前 n 项和所形成的数列 $\{s_n\}$ 为

$$1, 0, 1, 0, \cdots$$

这个数列显然是不收敛的,因为对任何的 n 都有 $s_n - s_{n-1} = 1$ 或者 -1,这不满足(7.6)式所示的必要条件.有了极限的语言,很容易就解决了曾经长时间困扰了许多大数

学家的问题.

如果说上面的无穷级数的发散是显然的,那么,调和级数的发散性判断就不那么明显了.一个级数被称为调和级数,如果级数中任何一项的倒数都能表示为相邻两项倒数的平均,即

$$\frac{1}{a_n}=\frac{1}{2}\left(\frac{1}{a_{n-1}}+\frac{1}{a_{n+1}}\right).$$

比如级数

$$\frac{1}{1}+\frac{1}{2}+\frac{1}{3}+\frac{1}{4}+\cdots \tag{7.10}$$

是最平凡的调和级数.令 s_n 表示前 n 项和,因为当 $n\to\infty$ 时 $s_n-s_{n-1}\to 0$,因此**数列**$\{s_n\}$**满足**(7.6)**式所示的数列收敛的必要条件,但是这个级数却是不收敛的**.下面的证明是瑞士数学界著名的伯努利家族[①]中的一员雅各布·伯努利(Jacob Bernoulli,1654～1705)给出的.对于任意的 n,由

$$\frac{1}{n+1}+\frac{1}{n+2}+\cdots\frac{1}{n^2}>\frac{n^2-n}{n^2}=1-\frac{1}{n}$$

可以推导出

$$\frac{1}{n}+\frac{1}{n+1}+\cdots\frac{1}{n^2}>1,$$

这样,当 n 趋于无穷大就意味着可以把(7.10)的级数分割为无穷个组,而每组之和都大于 1,因而(7.10)式的和为无穷大,级数是发散的.

> 在规定某一事物的准则时,不仅要考虑必要条件,往往还需要考虑充分条件.

[①] 17～18 世纪瑞士巴塞尔数学和自然科学家的大家族.祖孙三代,出过十多位数学家和物理学家.原籍比利时安特卫普.1583 年迁居德国法兰克福,最后定居瑞士巴塞尔.其中有三个人成就最大,即雅各布·伯努利(Jacob Bernoulli,1654～1705),约翰·伯努利(Johann Bernoulli,1667～1748,雅各布之弟),丹尼尔·伯努利(Daniel Bernoulli,1700～1782,约翰之子).

第八讲　实数理论的建立

阅读提示

实数理论的最终建立依赖于极限理论的发展与完善. 实数理论的基础是用有限小数和无限循环小数重新定义了有理数, 只有这样才可能用无限不循环小数来定义无理数, 这样的定义可以进行运算, 但不利于对问题的证明. 基本序列与戴德金分割是定义实数的另外两种重要方法, 虽然这两种定义方法对于运算而言是没有新意的, 但基本序列方法有利于对运算法则的论证, 戴德金分割方法有利于对实数连续性的论证. 当然, 这两种方法也都有让人困惑不解的地方.

在这一讲, 我们重新讨论数, **这是一个最为基本的问题, 也是一个最为复杂的问题, 至今依然疑问重重**. 但无论怎么说, 有了极限理论, 我们可以在更高的层次、更为深刻地讨论数的问题了.

事实上, 也只有建立了极限理论之后, 才有可能建立比较严格的实数理论. 世界上有许多事情就是这样的, 先是凭借直觉在一个朦胧的框架下开展工作, 随着工作的深入不断地完善着这个框架, 当真正能把这个框架说清楚的时候,工作很可能已经进入尾声了.就数学的抽象而言也是如此,首先从数量中抽象出数,抽象出数和常量的运算方法,抽象出函数和变量的运算方法;然后进一步用符号、概念和法则来表达以及合理解释运算方法;最终合理地建立和解释数的体系.这个循环可能会有几次重复,而每一次重复都迫使人们把问题思考得更加广泛,更加深刻.

一、有理数的新定义

> 对新的知识解释不清,常常是因为对旧的知识的理解不够深刻或者表达不够清晰.

我们在《无理数的认识》那一讲中曾经谈到,人们知道无理数已经有很长的历史了,可是要清晰地表达无理数却是相当困难的.事实上,要能够清晰地表达无理数,首先要变换有理数的表达方式.我们曾经称可以表示为 $\frac{m}{n}$ 的数为有理数,其中 $m,n \in \mathbf{Z}, n \neq 0$. 当然,在这个基础上是可以定义无理数的,比如,称不能表示为分数形式的数为无理数,但是这个定义实在是很难判断,特别是与数轴之间很难建立起对应关系.因此,我们首先建立能与数轴对应的有理数的定义,这就需要用小数来定义有理数.那么,分数与小数之间有什么关系呢?一个 $(0,1)$ 上的小数可以一般地表示为

$$A = 0.a_1 a_2 \cdots a_p \tag{8.1}$$

或者

$$B = 0.a_1 a_2 \cdots a_p \cdots \tag{8.2}$$

两种形式,其中 $a_1, a_2, \cdots, a_p$ 是取值 0 或者 1 到 9 的自然数.我们称 A 为有限小数,B 为无限小数.可以发现,有的

第八讲 实数理论的建立

分数可以化为有限小数,有的分数虽然不能化为有限小数,但是却能化为循环的无限小数,比如,

$$\frac{1}{2} = 0.5,$$

$$\frac{1}{3} = 0.333\cdots$$

$$\frac{1}{6} = 0.1666\cdots$$

$$\frac{1}{7} = 0.142857142857\cdots$$

等等. 这个表达是不是具有一般性呢? 也就是说,是否"所有的分数都可以化为有限小数或者无限循环小数"呢? 答案是肯定的,我们来证明这个结论.

◀ 为了对新的事物进行定义,往往需要修正原有的定义.

考虑分数 $\frac{m}{n}$,不失一般性,我们假定 $m<n$. 如果这个分数能够化为有限小数,那么,结论成立. 如果不能化为有限小数,用 m 除以 n 必有余数,并且这个余数只能取 1 和 $n-1$ 之间的整数. 由除法的运算法则,有余数后的除法都是加 0 填位,因为运算规律是一样的,因此,最多 n 次运算后,某个余数必然还要出现第二次,并且以后都是以周期形式出现,这就形成了循环小数. 于是我们证明了:**所有的分数都可以化为有限小数或者无限循环小数**.

那么,现在是否就可以用"有限和无限循环小数"来定义有理数呢? 为时过早,如果要对一个已有的定义构造一个新的定义,那么,这个新的定义的前提与结论必须是充分必要的,因为只有这样才能保持定义的等价性,为此,我们还需要证明"**有限小数或者无限循环小数都能化**

◀ 在数学的教学中,一名好的教师不仅仅需要理解知识,还需要了解定义的原则和推理的原则.

为分数". 由(8.1)式,一个有限小数可以写为

$$A = \frac{a_1}{10} + \frac{a_2}{10^2} + \cdots + \frac{a_p}{10^p},$$

这显然可以对应于一个分数.一个无限循环小数可以分为两部分,一部分是前面有限个(可以是 0 个)不循环项,然后是无限个循环项,不失一般性,我们假定无限循环小数是由循环项构成的,这样,(8.2)式可以写为

$$B = 0.a_1 a_2 \cdots a_q \quad a_1 a_2 \cdots a_q \quad a_1 a_2 \cdots a_q \cdots$$

$$= a_1 \left(\frac{1}{10} + \frac{1}{10^{q+1}} + \frac{1}{10^{2q+1}} + \cdots \right) + \cdots +$$

$$a_q \left(\frac{1}{10^q} + \frac{1}{10^{2q}} + \cdots \right)$$

$$= C \left(1 + \frac{1}{10^q} + \frac{1}{10^{2q}} + \cdots \right),$$

其中,$C = 0.a_1 a_2 \cdots a_q$,括号中是一个等比级数,公比是 $\frac{1}{10^q}$,其中 $q \geq 1$. 用 s_n 表示前 n 项部分和,即

$$s_n = 1 + \frac{1}{10^q} + \frac{1}{10^{2q}} + \cdots + \frac{1}{10^{nq}}$$

$$= \frac{1 - \frac{1}{10^{q(n+1)}}}{1 - \frac{1}{10^q}}.$$

因为 $\frac{1}{10^q} < 1$,容易验证当 $n \to \infty$ 时 $s_n \to \frac{1}{1 - \frac{1}{10^q}}$,因此

$$B = \frac{0.a_1 a_2 \cdots a_q}{1 - \frac{1}{10^q}}.$$

这显然是一个分数,因而是一个有理数.

第八讲 实数理论的建立

现在,我们可以给出有理数的基于小数的定义了:"**有理数是有限小数或者无限循环小数.**"进而可以得到无理数的定义:"**无理数是无限非循环小数.**"在这个基础上,可以得到实数的定义:"**有理数和无理数统称为实数.**"我们用 **R** 表示实数的全体所构成的集合. 我们终于把实数刻画清楚了,并且还知道实数是与数轴上的点对应的.

我们还需要通过建立实数的运算来检验这种实数的定义是否合适. 显然,这个运算是以有理数的四则运算为基础的,而重点是解决无理数的运算. 以 $\sqrt{2}$ 与 $\sqrt{3}$ 的运算为例,下面是利用计数器计算的结果. 由 $\sqrt{2}=1.4142135\cdots$ 和 $\sqrt{3}=1.7320508\cdots$,可以得到

$$\sqrt{2}+\sqrt{3}=1.4142135\cdots+1.7320508\cdots$$
$$=3.1462643\cdots$$
$$\sqrt{2} \cdot \sqrt{3}=(1.4142135\cdots) \cdot (1.7320508\cdots)$$
$$=2.4494896\cdots$$

因此,利用"无限非循环小数"定义无理数进行四则运算是可行的. 事实上,在计算机中就是这样进行运算的.

◀ 必须从运算中归纳出运算法则,只有这样,才能得到运算的合理性和一般性.

但是,我们应当如何证明 $\sqrt{2} \cdot \sqrt{3}=\sqrt{6}$ 呢?当然可以计算出 $\sqrt{6}=2.4494896\cdots$,虽然这个结果与上面的计算结果很接近,但是这样依赖验证的方法来证明无穷的情况是不合适的,并且得不到一般性的结果,即无法证明对于所有的正实数 a 和 b 均有 $\sqrt{a} \cdot \sqrt{b}=\sqrt{a \cdot b}$. 所以,用无限

非循环小数定义无理数是直观的,对于运算也是可行的,但对于给出证明,特别是给出一般性的结果是不方便的.

为了解决上面的问题,从魏尔斯特拉斯开始,以后有许多数学家,包括德国数学家戴德金[①](Dedekind,1831～1916)、康托(Cantor,1845～1918),在 1872 年左右几乎同时发表文章,建立他们的实数理论.下面,我们分析两个主要的、目前大学数学教科书中使用的方法[②].

二、基本序列方法

这个方法主要是由康托给出的.回想判断数列是否收敛的柯西准则,称一个满足柯西准则的数列为**基本序列**.从实数的有限或者无限小数的定义,不难验证:一个有理数可以用一个收敛的由有理数组成的数列的极限表示,比如这个数列的所有项都是这个有理数;一个无理数也可以用一个收敛的由有理数组成的数列的极限表示,比如对于 $a=\sqrt{2}$,那么收敛到 a 的数列 $\{a_n\}$ 的各项可以是

$a_1=1.4,$

$a_2=1.41,$

---

① 戴德金(Julius Wilhelm Richard Dedekind,1831～1916),德国数学家.他是高斯的最后一位学生,他继承了 Kummer(库莫)在数论上的工作.他很长寿,而且在数学上很活跃,直到他过世.他在数学上的贡献是多样的:首先采用公理的方法定义群,并导出其主要结果,展现了近代数学中提倡的抽象性与一般性;将无理数的理论,建立在逻辑的基础上,特别是实数上的戴德金分割(Dedekind cut),在他生前就已经广为流行了,这构成了分析学的基础;在代数数论中,他首创了理想(ideal)的概念.

② 参见:辛钦著.数学分析简明教程.北京大学数学系数学分析教研室译,许宝禄校.北京:人民教育出版社,1954;菲赫金哥尔茨著.微积分学教程.叶彦谦等译.北京:人民教育出版社,1959.

$$a_3 = 1.414,$$

……

因此,一个实数可以对应于一个基本序列. 于是定义**基本数列的极限点为实数**. 如果有两个基本序列,比如 $\{a_n\}$ 和 $\{b_n\}$,收敛于同一个极限点,那么,必有:当 $n \to \infty$ 时 $a_n - b_n \to 0$,康托称其为等价类. 这样,一个实数与一个有基本序列组成的等价类就一一对应了,定义是合理的.

下面我们证明 $\sqrt{a} \cdot \sqrt{b} = \sqrt{a \cdot b}$,其中 a 和 b 为正实数. 令 $\{a_n\}$ 和 $\{b_n\}$ 分别为收敛到 $\sqrt{a}$ 和 $\sqrt{b}$ 的基本序列,容易验证 $\{a_n^2\}$ 和 $\{b_n^2\}$ 均为有理数列并且分别收敛到 a 和 b,因为 $n \to \infty$ 时 $a_n^2 \cdot b_n^2 \to a \cdot b$,因此 $\{a_n^2 \cdot b_n^2\} = \{(a_n \cdot b_n)^2\}$ 是确定实数 $(a \cdot b)$ 的基本序列,即 $\{(a_n \cdot b_n)\}$ 是确定实数 $\sqrt{a \cdot b}$ 的基本序列,这就证明了命题.

通过上面的论述,我们还可以得到这样一个基本事实:**实数集合 R 不仅对于四则运算是封闭的,而且对于极限运算也是封闭的**.

用基本序列的方法对于论证问题是有利的,但是就计算法则而言是没有新意的,特别是基本序列的等价类是令人费解的,因为我们无法知道这个类里的元素是什么,也无法知道这个类里的元素有多少,更不知道是否所有的等价类中的元素都是一样多. 为了把一件事情解释清楚,往往会带来更多的疑惑.

为了实数理论的完备,还有一个问题是需要解决的,就是实数与数轴上的点是否是一一对应的. 只有解决了这个问题,我们才能安下心来研究基于实数的所有数学理论.在用小数来定义实数的时候我们已经知道,实数与数轴上的点是对应的,但要实现"一一对应"还需要证明实数的连续性,因为从直观上看,数轴是连续不断的,现在我们需要验证实数是否也是连续不断的.关于这个命题,用基本序列的方法来证明是困难的,因为基本序列在本质上仍然刻画的是独立的点.

三、戴德金分割方法

戴德金提出利用集合分类的方法来定义实数.定义是从有理数出发的,我们仍然用 **Q** 表示有理数的集合.把 **Q** 分为上下两个不相交的集合,即没有共同元素的集合.比如说分为集合 A 和集合 B,使得 $A \cup B = \mathbf{Q}$,并且对任意 $a \in A$ 和 $b \in B$ 都有 $a < b$,其中 $A \cup B$ 表示集合 A 中的元素和集合 B 中的元素共同组成的集合,称这样的做法为一个划分,记为 $A \mid B$. 这时可能会出现下面三种类型:

1. A 中有最大值,B 中无最小值.
2. A 中无最大值,B 中有最小值.
3. A 中无最大值,B 中无最小值.

类型 1 和类型 2 的成立是显然的,比如,$A = \{a : a \leqslant 2, a \in \mathbf{Q}\}$ 和 $B = \{b : 2 < b, b \in \mathbf{Q}\}$;类型 3 是可能的,比如,集合 A 为平方小于 2 的所有有理数,集合 B 为平方大于 2 的所有有理数,因为 $\sqrt{2}$ 是无理数,所以,$\sqrt{2}$ 既不属于集合 A 也不属于集合 B,这样集合 A 中就无最大值而集合 B 中无最小值.

为了说明仅有上述三种类型,还必须说明不会出现

第八讲 实数理论的建立

"A 中有最大值,B 中有最小值"的情况. 如果 A 中有最大值,B 中也有最小值,令它们分别为 a 和 b,则 a 和 b 均为有理数,并且由划分定义知 $a<b$. 令 $c=\dfrac{1}{2}(a+b)$,因为 $a<c<b$,所以 c 既不属于 A 也不属于 B,这是不可能的,因为 c 是有理数,而 A 和 B 包括了所有的有理数.

现在我们约定:**类型 3 的划分定义一个无理数**,比如我们刚才得到的 $\sqrt{2}$. 实数的定义仍然是"有理数与无理数统称为实数",于是一个划分 $A\mid B$ 就代表了一个实数.

在这本书的一开始我们就谈到,数量的本质是多与少,与此对应,数的本质是大与小. 那么,如何来判断通过划分定义的实数的大小呢? 令两个划分 $A\mid B$ 和 $C\mid D$ 得到的实数分别为 a 和 c,那么,

$a=c$ 等价于 $A=C$;

$a<c$ 等价于 $A\neq C$,且 A 被 C 包含;

$a>c$ 等价于 $A\neq C$,且 C 被 A 包含.

现在,我们证明这样一个非常有意义的命题:虽然有理数集合 **Q** 被实数集合 **R** 包含,但是 **Q** 在 **R** 中是稠密的. 也就是说,对于任意两个实数 a 和 c,如果 $a\neq c$,比如说 $a<c$,则必然存在一个有理数 r,使得 $a<r<c$. 证明如下:由戴德金分割,$a<c$ 等价于 A 被 C 包含且 $A\neq C$,则至少存在一个有理数 $r\in C$ 但不属于 A,因为 A 和 B 包含了所有的有理数,于是 $r\in B$. 由戴德金分割定义有 $a<r$;再由戴德金分割定义,$r\in C$ 意味着 $r<c$,这就证明了命题.

下面我们来讨论实数的连续性,类似对有理数的分

割，把 **R** 分为上下两个不相交的集合，比如说集合 A 和集合 B，使得 $A \cup B = \mathbf{R}$ 并且对任意 $a \in A$ 和 $b \in B$ 都有 $a < b$. 我们说，现在只能出现下面两种类型：

1. A 中有最大值，B 中无最小值；
2. A 中无最大值，B 中有最小值.

现在我们证明上述类型情况必有一个成立. 令 A' 和 B' 分别表示被 A 和 B 包含的有理数的全体，由 A 和 B 的定义有 $A' \cup B' = \mathbf{Q}$，并且对于任意的 $a \in A'$ 和 $b \in B'$ 都有 $a < b$. 根据戴德金分割，记划分 $A' | B'$ 产生的实数为 λ. 因为 λ 是实数，必然属于 A 或者 B. 如果属于 A，我们证明 λ 是 A 中最大值. 用反证法，如果 λ 不是 A 中最大值，那么，在 A 中存在 $a > \lambda$. 由我们刚刚证明了的有理数的稠密性，至少存在一个有理数 $r \in A'$，使得 $a > r > \lambda$，这是与戴德金分割矛盾的. 用类似的方法可以证明 λ 属于 B 的情况.

对于实数的戴德金划分，只能出现上述两种情况就意味着实数是连续的.

与基本序列方法一样，戴德金分割对于计算法则也是没有新意的. 同样，戴德金分割也有让人困惑不解的地方. 戴德金分割在本质上是一种操作，而在数学上所有的操作都必须是有限步的，我们不可能用无限步的操作去阐述一个命题，比如我们曾经讨论过的古希腊的"化圆为方"的问题，总不能制定一个操作规则，然后说只要按照规则操作下去就能得到所需要的结果. 这样，任何一个基于有理数的、步骤有限的操作，原则上只能得到以有理数

▶ 这是一种极为抽象的讨论，因为只有概念和逻辑了，但是为了数学的严谨性，这种讨论是必要的.

第八讲 实数理论的建立

为系数的方程组的解,即得到代数数.那么,如何用戴德金分割去得到超越数呢? 比如我们曾经谈到过的自然对数的底 e,这个数是用极限表示的:

$$e = \lim_{n \to +\infty} \left(1 + \frac{1}{n}\right)^n.$$

此外,戴德金分割方法多少给人一种先入为主的感觉:先有一个数存在在那里,然后再制造一个划分来表达这个数.问题是,如何用戴德金分割去发现一个新的数呢?

我们已经能够很好地刻画实数以及实数的运算法则了,因此,也能够建立基于实数理论的数学、特别是分析学方面的一系列理论了.但是,由于好奇心的本性,人们总是要对许多事物刨根问底,比如还希望知道,整数集合 **Z**,有理数集合 **Q** 以及实数集合 **R** 的元素的个数都是无穷多的,可是在无穷多之间是否还有差异呢? 因为集合之间到底是存在包含关系的.

对于这个问题的研究结果是令人吃惊的,更让人吃惊的是这些结果在逻辑上又是成立的.

◀ 参阅关于数轴的讨论.

第九讲 对应与集合大小的度量

阅读提示

人类在远古时期已经认识到有限集合之间的对应关系,数学家将这个方法用于无穷集合大小的比较,既发现了"自然数与有理数一样多"这样的真命题,也发现了诸如连续统假设等尚未解决的世纪难题.对应与集合大小的度量的历程显示:在数及其运算的抽象过程中,只需要抓住事物的核心,舍去具体的内容,但是,真正要把这些抽象出来的东西给出合理的解释就需要进行第二步的抽象,这个抽象甚至需要完全舍去事物的背景和直观,完全利用概念、定义和符号进行表达,并进行在这些表达基础上的逻辑推理.也正因为如此,才体现出了数学的严谨性与应用的广泛性.

一、集合之间对应关系的历史考察

在远古时代,许多文明都是借助对应关系来记数的.《周易·系辞传》中说"上古结绳而治,后世圣人易之以书契",就是说上古的人们在绳子上系结来记录事件.直到20世纪初,在满族的风俗中,对于特殊事件的记录仍然保持这个习惯.而英语计算一词为 calculate,其词干来源

第九讲　对应与集合大小的度量

于拉丁语 calculus，这是一个阳性名词，原意是"小石头"，这意味着，古代的欧洲人是利用石头来进行计算、来表示数量的多少的.

大约在公元前9世纪至公元前8世纪成书的、古希腊著名的《荷马史诗》中，把记数与一段美妙的故事连接在一起[①]：

当俄底修斯刺瞎独眼巨人波吕裴摩斯并离开克罗普斯国以后，那个不幸的盲老人每天坐在山洞口照料他的羊群. 早晨母羊外出吃草，每出来一只，他就从一堆石子中捡起一颗石子；晚上母羊返回山洞，每进去一只，他就扔掉一颗石子. 当他把早晨捡起的石子都扔光时，他就确信所有的母羊全返回了山洞.

多么明智的办法，根本不用具体计算羊的数量，只需要把羊的个数与石子的个数对应起来就可以了，因为独眼巨人关心的是母羊是否全都返回山洞了，而不是关心有多少只母羊. 在《天空中的圆周率》中还记载这样一件事情，1929年，考古学家在公元前15世纪的努孜城废墟（现在伊朗境内）发现了一个很小的圆形土质容器，外侧的楔形文字记载：

与绵羊和山羊有关的物体
4只小公羊

---

① 见：(古希腊)荷马著. 奥德修记(又译《奥德赛》). 杨宪益译. 上海：上海译文出版社，1979.

21只生过小羊的母羊　　6只生过小羊的母山羊

6只小母羊　　1只公山羊

8只成年公羊　　2只小羊

这些数字加起来是48,打开这个容器发现里面有48个泥球.可见,远古的人类就很清楚集合与集合之间的对应关系:**如果两个集合的元素能够一一对应,那么,这两个集合的元素一样多**.在现代,数学家把这个想法用于无穷集合的比较.

二、自然数与有理数一样多

"自然数与有理数一样多",这似乎是一个荒谬的命题,因为整数就有自然数的二倍之多,而形如$\frac{m}{n}$的分数更是应该有自然数无穷多的倍数,怎么能说他们一样多呢?问题的要害在于如何去定义"一样多".根据上面对于"对应关系"的经验,康托先定义了"一一对应关系":

如果在集合A和集合B之间存在一种关系,使得对于A中的任意元素a,存在B中的唯一元素b与之对应;对于B中的任意元素b,存在A中的唯一元素a与之对应,则称A与B之间存在一一对应关系,并称A与B对等,记为$A \sim B$.

这个定义与我们"有限"的经验是符合的,但是把这个定义推广到"无限"后,得到的结论却是出乎人们的意料的,比如正整数与正偶数之间是对等的,因为存在下面的一一对应关系:

第九讲　对应与集合大小的度量

```
1  2  3  4  5  6  ⋯
↓  ↓  ↓  ↓  ↓  ↓
2  4  6  8  10 12 ⋯
```

真是不可思议，明明正整数的个数是正偶数个数的二倍，可是康托却证明了他们之间存在一一对应的关系，因而这两个集合之间是对等的. 后来，康托又证明了直线上的点集合与 n 维空间上的点集合存在一一对应关系，也就是说这两个点集合是对等的. 可想而知，这些结论对于 19 世纪的大多数数学家和思想家来说是荒谬的，是不能接受的. 克罗内克本来就与康托的关系不好，现在更称他为骗子. 彭加勒则认为无穷集合是病态. 事实上，最初康托也对于自己得到的结果感到惊讶，1877 年他写给戴德金的信[①]中说，"我看到了它，却不敢相信它". 但是康托还是坚定了自己的发现，创立了集合论. 虽然集合论的表述还有许多漏洞，甚至会出现悖论，但是集合论表述的简洁和论证的严密还是得到大多数数学家的青睐，**集合论已经成为现代数学的基础**.

◁ 从这里也可以看到，能够真正地理解无穷是困难的.

在对等的基础上，康托给出了比较集合大小的定义：

如果集合 A 能与集合 B 的一部分对等，但集合 B 不能与 A 或者 A 的一部分对等，那么，集合 B 就大于集合 A.

康托称**一个集合的大小为这个集合的基数**. 因为正整数的离散性，他称正整数集合 $\mathbf{N}$ 的基数为可数多个，意思是能把这些数一个一个地数出来，或者说能够把这些

---

① 参见：M. 克莱茵. 数学：确定性的丧失. 李宏魁译. 长沙：湖南科学技术出版社，1997.

数排列出来,他用符号 $\aleph_0$ 表示这个基数. 接下来,康托证明了一个更令人吃惊的结果:有理数集合 **Q** 的基数也是可数多个. 我们已经证明了在实数集中有理数集合是稠密的,无论如何也想象不出能够像排队一样把稠密的有理数排列出来. 康托是这样做的:

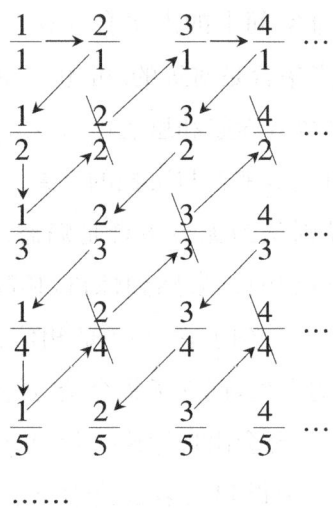

上述表达的是正分数的排列:列之间的分子由小到大,行之间的分母由小到大,然后按上面箭头的顺序排队,这样就得到所有正有理数的无穷序列,记为 $\{r_1, r_2, r_3 \cdots\}$. 同样,可以得到所有负有理数的排列 $\{-r_1, -r_2, -r_3 \cdots\}$. 于是,就得到所有有理数的排列 $\{0, r_1, -r_1, r_2, -r_2, r_3, -r_3, \cdots\}$. 这种排列完全打破了由有理数的大小关系所构成的序列,但是,这种方法确实能够建立起有理数与正整数之间的一一对应关系.

三、连续统假设与反证法

康托曾经设想实数集合 **R** 的基数也是可数多个,但他很快就发现这是不可能的,于是他又反过来证明 **R** 的基数"大于" **N** 的基数 $\aleph_0$.**这是人们第一次理性地揭示了无穷之间的大小差异**. 1890 年,康托给出了后来被称为"康托对角线法"的证明,康托是用反证法来证明这个命题的.康托的证明如下:

假设 $(0,1]$ 中的实数是可列的,也就是说所有的实数都可以排列出来.现在把所有的实数包括有理数都写成无限小数的形式,比如把有理数 $\frac{1}{2}$ 写成 $0.499\cdots$ 的形式,然后把这些实数排列如下:

$1 \to a_1 = 0.a_{11}a_{12}a_{13}\cdots$

$2 \to a_2 = 0.a_{21}a_{22}a_{23}\cdots$

$3 \to a_3 = 0.a_{31}a_{32}a_{33}\cdots$

......

$k \to a_k = 0.a_{k1}a_{k2}a_{k3}\cdots$

......

现在构造一个小数 $b = 0.b_1b_2\cdots b_k\cdots$,规定在上述排列中,如果 $a_{kk} = 1$,则令 $b_k = 2$;如果 $a_{kk} \neq 1$ 则令 $b_k = 1$.显然 b 是 $(0,1]$ 中的一个实数,并且不同于上述排列中的任何一个数,这就与假设"所有的实数都可以排列出来"矛盾,从而证明了命题.

康托的证明用了一类比较特殊的反证法,正如柯朗在他的著作《什么是数学》中谈到,几乎所有的用反证法证明的问题都可以构造出正面的证明,但是康托的这个反证法的证明却是一个例外.反证法是数学中常用的论证方法,也是在基础教育阶段的数学教育中学生接受起来比较困难的一种论证方法.

反证法的理论基础是排中律:一个命题或者为真或者为假,这是形式逻辑中的一个基本原则,也就是说:对于同一论域中的某事物,我们或者用"A"去表示它,或者用"非A"去表述它[①].例如,在动物这个论域中,任何一个事物,或者属于"人"所表示的范围,或者属于"非人"表示的范围.

▶ 虽然数学的证明依赖的是人们思考问题的"常理",证明方法本身是不需要证明的,但是归纳出证明的结构是必要的,这使得我们可以更恰当地运用证明的方法.

反证法的证明思路是:如果我们希望证明命题"A"为真,先假设"非A"为真,然后通过一系列的推导得到与"非A为真"矛盾的结论,或者得到一个与已知事实矛盾的结论,这说明"非A为真"这个假设是不对的,于是由排中律得到"A"为真.

但是,并不是所有的命题都能够明确给出真或者假的结论的,命题正确与否的判断是依赖于逻辑体系的.

康托已经证明实数集合是不可数的,也就是说 R 的基数要大于 $\aleph_0$. 因为实数的连续性,通常称实数集合的

---

① 参见:金岳霖主编.形式逻辑.北京:人民出版社,2005.

基数为连续统的基数,用 c 表示这个基数. 现在的问题是,在 $\aleph_0$ 和 c 之间还存在其他的基数吗?也就是说,在自然数集合 **N** 的基数与实数集合 **R** 的基数之间还存在其他的基数吗?在现代集合论的教科书中,均假设"在 **N** 的基数与 **R** 的基数中不存在中间基数",这便是大名鼎鼎的**连续统假设**. 但是,这只是一个假设而已,为了求得这个命题为真或者为假的结论,希尔伯特在他著名的 23 个数学问题中,把这个问题列为第一个问题. 但是,在 1963 年,美国数学家柯恩[①](Cohen,1934～)用一种被称为"力迫法(forcing method)"的新方法,证明出了一个令世人吃惊的结果. 现代数学通用的关于集合论的公理系统是德国数学家策梅罗[②](Zermelo,1871～1953)在 1908 年开始创立,1922 年由德国数学家弗兰克尔[③](Frankel,1891～1965)改进完善的,被称为 Z-F 公理系统. 柯恩证明,在 Z-F 公理系统中连续统假设是不可判定的,就是说既不是真的,也不是假的.

◀ Z-F 集合论系统共有 9 个公理,这就构成了研究集合,以及建立在集合论上的数学的基础.

从上面的讨论可以看到,人们在很早以前就在日常生活和生产实践中抽象出了数以及数的运算,这一步的抽象只需要抓住事物的核心,舍去具体的内容;但是真正

---

① 柯恩(Paul Cohen Joseph,1934～),美国数学家. 1934 年 4 月 2 日生于纽约,1954 年毕业于芝加哥大学,1958 年获得博士学位. 1964 年任斯坦福大学教授,1967 年成为美国国家科学院院士. 1963 年,证明连续统假设和 Z-F 公理是彼此独立的. 这项成果被认为是 20 世纪最伟大的智力成就之一,他因此获得菲尔兹奖(FieldsMedal). 柯恩的技术是"力迫(forcing)法",现已成为现代逻辑的一种重要工具.

② 策梅罗(Ernst Friedrich Fer-dinand Zermelo,1871～1953),德国数学家,集合论的专家,有以他的名字命名的公理体系.

③ 弗兰克尔(Adolf Abraham Halevi Frankel,1891～1965),德国数学家,以改进 Z-F 公理系统而闻名. 这个公理系统也称为 ZFC 公理系统.

要把这些抽象出来的东西给出合理的解释却是相当困难的,这需要进行第二步的抽象,这个抽象甚至要完全舍去事物的背景和直观,完全利用概念、定义和符号进行表达,进行在这些表达基础上的逻辑推理.但也正因为如此,才体现出了数学的严谨性与应用的广泛性.

第十讲 复数的意义

阅读提示

如果说自然数是来源于对数量的刻画,有理数是来源于对比例的刻画,无理数是来源于对长度的刻画,那么,复数的发明却没有确切的几何背景或者物理背景,但是这个发明是非常有意义的.虽然问题是求二次方程的解所引发的,可是迫使人们认真对待复数的却是因为求三次方程的解.如果说复数产生是为了更好地刻画方程的解,那么,四元数的产生则完全是人为的.人们除了从现实生活和生产实践中抽象概念和运算之外,还可以从已有的数学结构出发,抽象出新的概念和运算法则,通过逻辑推理来构建新的数学.当然,数学研究的意义最终还需要现实的检验.

一、复数产生历史概述

如果说自然数是来源于对数量的刻画,有理数是来源于对比例的刻画,无理数是来源于对长度的刻画,那么,复数就完全是人为制造的,是在现实生活中找不到实际背景的.复数被写成 $a+bi$ 的形式,其中 a 和 b 为实数,i 被称为虚数,满足 $i^2=-1$,这是方程 $x^2=-1$ 的解.显然，问题出在虚数上，因为我们在乘法那一讲已经证明了：一个正数乘一个正数为正数，一个负数乘一个负数也为正数，因此，一个数自乘之后必然为正数，不管这个数是正数还是负数. 也正因为如此，古希腊学者丢番图虽然知道一元二次方程式有两个根，但其中有一个为虚数时，他宁可认为这个方程是不可解的. 一直到16世纪，数学家们普遍认可丢番图这种处理虚数的办法.

▶ **虽然问题是求二次方程的解所引发的，可是迫使人们认真对待复数的却是因为求三次方程的解**. 意大利数学家卡尔丹①(Cardano, 1501～1576)在他1545年出版的著作《重要的艺术》②中讨论了求解三次方程的代数方法. 他的工作是在韦达之前，当时还没有抽象出代数方程的一般表达式（参见第三讲中关于算术与代数的讨论），他分13种情况对三次方程进行了详细的讨论，给出了13种解题的公式，现在称这些公式为卡尔丹公式. 在求解公式中一个让人十分尴尬的情况出现了：即便三个根都是实根，但是在用公式求解的时候会出现复数，比如，对于方程 $16+x^2+x^3=24x$（当时不允许方程的一边为零），容易验证 $x=4$ 是方程的一个根，于是，这个方程就等价于

从这个角度考虑，数学家们研究复数也是必然的.

---

① 卡尔丹(Gerolamo Cardano, 1501～1576)，又译卡当，或卡尔达诺，意大利数学家、医生及占星学家. 现在我们称三次方程的求根公式为卡尔丹公式. 据说这个公式其实不是他发现的，是1539年他从冯塔纳(Niccolo Fontana)那里得到的. 他把它写入自己的学术著作《Ars Magna》中，但并未提到冯塔纳的名字. 随着这本书在欧洲的出版发行，人们才了解到三次方程的一般求解方法. 他曾研究过许多概率上的有趣问题，并写过一本赌博手册，这大概与他自己也是一个赌徒有关. 这是有关概率论最早的一本书.

② 原文"Ars Magna(The Great Art)"，有的学者翻译为《大术》，参见梁宗巨的《世界数学通史》；也有学者翻译为《大法》，参见李文林的《数学史概论》. 本文参照的是M. 克莱茵的《数学：确定性的丧失》.

$(x-4)(x^2+5x-4)=0$,检验其中的二次方程就可以知道其余两个根也都是实数,这样,这个三次方程的三个根都是实根. 但是,直接用卡尔丹公式计算时会出现复数,那么,这样的方程是有解还是无解呢?

虚数的名称是笛卡儿给出的,他不能接受复根,于是,在他 1637 年出版的《几何》[①]这本书中解释复根时说"但它们始终是虚的". 在数学发展历史上,欧拉是第一个使用符号 i 来表示 $\sqrt{-1}$ 的,并写在他 1777 年提交给圣彼得堡科学院的论文中,这篇论文直到 1794 年才发表,那是在欧拉逝世后 11 年. 但是,欧拉并没有确切地掌握复数运算,在他 1770 年出版的《代数》一书中认为 $\sqrt{-1} \cdot \sqrt{-4} = \sqrt{-1 \times (-4)} = \sqrt{4} = 2$,其理由是 $\sqrt{a} \cdot \sqrt{b} = \sqrt{ab}$.

有了虚数的符号,就可以像这一讲开头那样定义复数了,用 **C** 表示复数的集合. 与实数不同,在复数集合中不存在大小关系,也就是说两个复数之间不能比较大小. 回想我们最初的定义:数字是那些能够由小到大进行排列的符号,在这个意义上,复数确实不是数字. 这并不意外,因为任何数对(包括向量)都不能在通常意义下比较大小. 但是,复数集合却包含实数集合,因为只需要在复数中令虚数 i 前面的系数为 0 就可以了. 对复数可以定义运算.

◀ 当然,我们可以重新定义数的大小,比如用向量的长度作为向量的度量,这样就可以比较大小了.

二、复数的运算

我们可以借助实数的四则运算法则来定义复数的四

---

① 参见:中译本:几何. 袁向东译. 武汉:武汉出版社,1992.

则运算. 复数的加减法为

$$(a+bi) \pm (c+di) = (a \pm b) + (c \pm d)i;$$

注意到 $i^2 = -1$, 定义复数的乘法为

$$(a+bi)(c+di) = ac + adi + bci + bdi^2$$
$$= (ac-bd) + (ad+bc)i.$$

可以看到, 两个复数的乘积为 0 当且仅当其中一个复数为 0, 这与实数的情况是一样的. 特别称 $a-bi$ 为 $a+bi$ 的共轭, 两个共轭复数的乘积为实数, 即

$$(a+bi)(a-bi) = a^2 + b^2. \tag{10.1}$$

当 c 和 d 不同时为零时, 令分子分母同乘分母的共轭, 定义复数的除法为

$$\frac{a+bi}{c+di} = \frac{ac+bd}{c^2+d^2} + \frac{bc-ad}{c^2+d^2}i.$$

有了上面的定义, 我们就可以求任意二次方程的解了, 比如方程 $x^2 - 2x + 2 = 0$, 由韦达公式(参见第三讲)可以得到两个解为 $x_1 = 1+i$ 和 $x_2 = 1-i$.

高斯非常认真地研究了复数, 他在 1801 年发表的《算术研究》中考虑了复整数的问题, 即复数 $a+bi$ 中 a 和 b 均为整数的问题; 他考虑了复素数的问题, 所谓的复素数是指: 不能分解为除 ± 1 和 $\pm i$ 以外复整数乘积的形式的复数. 这样, **在实数集合 R 中的素数在复数集合 C 中就不一定是复素数了**, 比如 5 在实数集合是一个素数, 但在复数集合中却可以表示为两个共轭数乘积的形式, 即 $5 = (1+2i)(1-2i)$, 因此, 5 在 **C** 中就不是素数. 特别是, 高斯证明了我们在第二讲中提到的"任何一个整数都可以唯一表示为若干个素数的乘积的形式"这个事实对于

复整数也成立,于是,就开辟了今天被称为代数数论的新的研究领域.

三、代数基本定理

利用复数,1799 年,年轻的高斯①在他的博士论文中给出了现在被称为代数基本定理的完整证明,这是一个巨大成就,使人们清晰了方程的基本结构. 对于一个 n 次多项式

$$f(x)=x^n+a_{n-1}x^{n-1}+\cdots+a_1x+a_0, \quad (10.2)$$

其中系数是任意实数或者复数,高斯的定理说,至少存在一个复数 $\alpha=c+di$ 是方程 $f(x)=0$ 的解,即满足 $f(\alpha)=0$,称这个复数 α 为方程的一个根.

利用高斯的定理,可以得到**代数基本定理**:存在 n 个复数 $\alpha_1,\cdots,\alpha_n$,使得

$$f(x)=(x-\alpha_1)\cdots(x-\alpha_n), \quad (10.3)$$

其中 $f(x)$ 由(10.2)式给出. 这样,我们容易验证这 n 个复数 $\alpha_1,\cdots,\alpha_n$ 都是方程 $f(x)=0$ 的根. 下面,用数学归纳法来证明代数基本定理.

当 $n=1$ 时结论显然成立;

假设当 $n=k-1$ 时结论成立,即对于任意的 $k-1$ 次多项式 $g(x)$,都可以写成

$$g(x)=(x-\alpha_1)\cdots(x-\alpha_{k-1}) \quad (10.4)$$

---

① 高斯(Johann Carl Friedrich Gauss,1777~1855),德国数学家. 他和牛顿、阿基米德,被誉为有史以来的三大数学家. 近代数学奠基者之一,有"数学王子"之称. 他的数学研究几乎遍及所有领域,在数论、代数学、非欧几何、复变函数和微分几何等方面都作出了开创性的贡献.

的形式,我们考虑 $n=k$ 的情况.由高斯定理,至少存在一个复数 α 使得 $f(\alpha)=0$,即

$$f(\alpha)=\alpha^k+a_{k-1}\alpha^{k-1}+\cdots+a_1\alpha+a_0=0,$$

用 $f(x)$ 减去上式,对幂相同的项合并,并注意到上式为 0,有

$$f(x)=f(x)-f(\alpha)$$
$$=(x^k-\alpha^k)+a_{k-1}(x^{k-1}-\alpha^{k-1})+\cdots+a_1(x-\alpha),$$

因为上式中的每一项中都含有因子 $(x-\alpha)$,把这个共同的因子提出,于是每一项都要降一次幂,经过整理后可以得到

$$f(x)=(x-\alpha)g(x), \tag{10.5}$$

其中 $g(x)$ 是一个 $k-1$ 次多项式,由归纳假设的(10.4)式可以得到(10.3)式.由(10.3)式和复数的乘法性质可以知道,这 n 个复数 $\alpha_1,\cdots,\alpha_n$ 都是方程 $f(x)=0$ 的根.这就完成了代数基本定理的证明.

▶ 有时候,高度的抽象可以得到更为一般的结果,因而使问题更加简捷、清晰.

虽然我们说过,复数完全是人为制造出来的,并没有确切的几何背景或者物理背景,但是这个创造是非常有意义的,由代数基本定理可以看到,因为有了复数,就可以把多项式的基本结构清晰地表达出来.正如高斯在 1811 年的一封信中所谈到的[①]:

> 我们不应该忘记,(复变)函数与其他所有的数学构造一样,只是我们的创造物,因此当我们由之开始的定义不再有意义的时候,我们就不应当再问它是什么,而应当

---

① 参见:M.克莱茵.数学:确定性的丧失.李宏魁译.长沙:湖南科学技术出版社,1997.

问,如何作出合适的假设,使它继续有意义.

四、数学归纳法

上面的证明中用到了数学归纳法.数学归纳法是数学证明中常用的方法,也是中小学数学教育中的难点之一.通常在下面一类问题的证明中使用数学归纳法:研究一个含有正整数的命题,如果对一些具体数值,比如1,2等,这个命题是正确的,于是猜想:这个命题是否对所有的正整数都是正确的呢? 这个思维过程被称为经验归纳,这对发现新的知识是非常重要的.然后,用数学归纳法来验证这个猜想是否是正确的.我们用 $A(n)$ 来表示这个命题,证明的步骤如下:

◁ 通过经验归纳过渡到数学归纳.

1. 首先验证当 $n=1$ 时,$A(1)$ 为真;

2. 假设当 $n=k-1$ 时,$A(k-1)$ 为真,验证 $A(k)$ 为真;

3. 如果验证成功,则完成证明.

上述过程依据的是自然数的有序性,对于要求证的任何自然数 n 时的情况,我们总可以从 1 开始,然后由 $k-1$ 到 k,最后到 n.

下面证明数学归纳法的合理性,即证明:按上述步骤验证后,将不会有"存在正整数 n,使得 $A(n)$ 不为真".用反证法(参见第九讲)来证明:如果存在使 $A(n)$ 不为真的正整数 n,令 m 是其中最小的,由上述第一步知 $m>1$;因为 $A(m-1)$ 为真,由上述第二步知 $A(m)$ 为真.这是矛盾的,因此假设"存在使 $A(n)$ 不为真的正整数 n"不成立,从而证明数学归纳法是合理的. 在上述的逻辑推理中用到了形式逻辑中的另一个基本原则**矛盾律**：在同一论域中的某一事物,不能同时为"A"和"非A".

数学归纳法第一步不是可有可无的,虽然在许多情况下 $A(1)$ 为真是显然的；其次,必须建立起 $A(k-1)$ 到 $A(k)$ 之间的关联,如(10.5)式那样. 为此,通常的情况是先验证由 $A(1)$ 到 $A(2)$ 的关联,甚至 $A(2)$ 到 $A(3)$ 的关联,然后抽象出一般的关联.

五、复数的几何表示

> 人们在阐述数学问题时,总是千方百计地给出几何解释,这便是几何直观.

当给出了复数的几何解释之后,人们才真正地感觉到了复数的存在,才逐渐接受了复数. 把直角坐标系的横轴定义为实轴,纵坐标定义为虚轴,称这样的坐标系为复平面. 一个复数 $z=x+yi$ 对应于复平面一个点或者一个向量,向量顶点为 $Z(x,y)$,如图 10.1 所示.

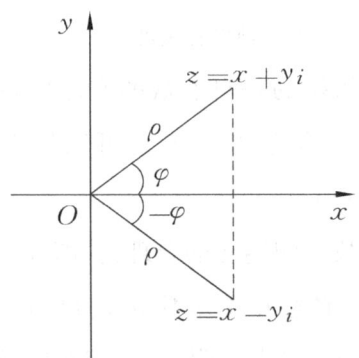

图 10.1　复数的几何表示

为了定义的合理性,这个向量的长度应当是与实数的情况一样的,(10.1)式启发我们可以考虑复数的共轭.

用 $\bar{z}=x-yi$ 表示 z 的共轭,如图 10.1 所示,这是 z 的以 x 轴为对称的向量. 如果用 ρ 表示向量的长度,则由勾股定理和复数共轭的运算可以得到:

$$\rho=\sqrt{x^2+y^2}=\sqrt{z\cdot\bar{z}}.$$

有时也表示为 $\rho=|z|$,并称其为复数 z 的模,因为共轭是对称的,因此 $\rho=|\bar{z}|$. "模"这个词是瑞士数学家阿尔冈① (Argand,1768~1822)命名的,写在他 1806 年出版的著作《试论几何作图中虚量的表示法》之中. 进一步,我们还可以**用三角函数来表示复数**,如果用 φ 表示向量与 x 轴所成的角(即幅角),那么,有

$$x=\rho\cos\varphi, y=\rho\sin\varphi \text{ 和 } z=\rho(\cos\varphi+i\sin\varphi). \quad (10.6)$$

现在,复数的加法就等价于向量的加法了,如图 10.2 所示,对于两个复数 z_1 和 z_2 的加法可以用平行四边形法则,这样又与力学有机地结合起来了.

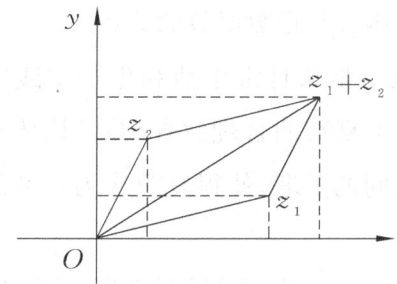

图 10.2 复数加法的几何表示

特别是,利用(10.6)式的表示计算复数的乘法是非

---

① 阿尔冈(J. R. Argand,1768~1822),瑞士数学家. 他与挪威出生的测量员韦塞尔(Wessel Caspar,1745~1818)分别给出了复数和复数的代数运算的几何解释,我们现在用的基本上是阿尔冈的方法.

常方便的，用 ρ_1 和 ρ_2 以及 φ_1 和 φ_2 分别表示这两个复数 z_1 和 z_2 的模以及幅角，由三角函数的两角和公式可以得到

$$z_1 \cdot z_2 = \rho_1\rho_2(\cos\varphi_1+i\sin\varphi_1)(\cos\varphi_2+i\sin\varphi_2)$$
$$= \rho_1\rho_2[\cos(\varphi_1+\varphi_2)+i\sin(\varphi_1+\varphi_2)].$$

这就是说，两个复数相乘就是"模相乘、角相加". 于是对于一个复数的自乘可以得到一般公式：

$$z^n = \rho^n(\cos n\varphi + i\sin n\varphi).$$

这个表示是相当便捷的. 当复数的模为 1，即 $\rho=1$ 时，则得到用英国数学家棣莫弗[①]（De Moivre, 1667~1754）命名的公式：

$$z^n = (\cos\varphi+i\sin\varphi)^n = \cos n\varphi + i\sin n\varphi.$$

欧拉在他 1748 年出版的著作《无穷分析引论》[②]中进一步讨论了复数的棣莫弗公式的改进形式：

$$e^{\pm i\varphi} = \cos\varphi \pm i\sin\varphi,$$

建立起了三角函数与指数函数的关系.

虽然复数不是从日常生活和生产实践中抽象出来的，但是，给出了复数的合理解释，并且构建起复数与其他数学表达之间的关联，使得复数作为一种研究工具变

---

① 棣莫弗（Abraham De Moivre，1667~1754），法国裔英国籍的数学家，在数学中（尤其概率论方面）的贡献重大. 1711 年，他写了《抽签的计量》，并在 7 年后修改扩充为《机遇论》发表. 这是早期概率论的专著之一，其中首次定义了独立事件的乘法定理，给出二项分布公式，讨论了许多掷骰和其他赌博的问题. 另外，他于 1730 年出版的概率著作《分析杂录》中使用了概率积分，得出 n 阶乘的级数表达式，而且此书使其成为最早使用概率积分的人. 3 年后，他又以阶乘的近似公式导出了正态分布的频率曲线，并作二项分布之近似. 他亦是最早给出"棣莫弗公式"的学者之一. 他虽于 1722 年才正式发表此公式，但实际上，已于 1707 年在研究三角学时得到此式. 棣莫弗还于 1725 年出版专门论著，把概率论应用于保险事业上. 棣莫弗终生未婚，尽管他在学术研究方面颇有成就，却贫困潦倒.

② Euler. *Introduction to Analysis of the Infinite Book* Ⅰ，New York：Springer-Verlag，1988.

得逐渐重要,这些都促使高斯在 1835 年发表于《哥廷根学报》的论文中引入了"复数"一词,以此来区别含义不清的"虚数"一词. 在这前后,柯西建立了复变函数的基本理论.

六、四元数

如果说复数产生是为了更好地刻画方程的解,那么四元数的产生则完全是人为的. 所谓四元数是一种具有四个分量的复数的类似物,一般形式为
$$p = a + bi + cj + dk,$$
其中 a,b,c 和 d 为实数;i,j 和 k 类似虚数,满足:

	i	j	k
i	-1	k	$-j$
j	$-k$	-1	i
k	j	$-i$	-1

类似复数,定义 p 的共轭为 $\bar{p}=a-bi-cj-dk$,于是,可以得到四元数的模为
$$|p|^2 = p\bar{p} = a^2+b^2+c^2+d^2.$$

但是,与我们通常使用的乘法有根本性差别的是:这种运算是不满足交换率的,比如 q 是另一个四元数,那么在一般情况下 $pq \neq qp$,这是人们创造的第一个不满足乘

> 这是人们制造的第一个不满足交换律的乘法.

法交换律的数系. 四元数是英国数学家哈密顿①（W. R. Hamilton, 1805～1865）发明的, 为了这个发明他思考了 15 年, 问题的要害就在于乘法交换率. 虽然至今为止也没有找到四元数的应用, 可是四元数的发明过程使数学家明白了, **在有些情况下不需要顾忌现实生活中的物理背景, 凭借逻辑推理就可以构造出有意义的、合理的数学表达**, 通过这些表达促进数学的发展. 事实上, 正是在四元数的启发下, 才有了超复数、向量分析、矩阵代数以及抽象代数等数学的重要研究领域的出现.

因此, 随着对复数认识的深化, 人们也加强了对数学认识的深化, 知道了除了从现实生活和生产实践中抽象概念和运算之外, 还可以从已有的数学结构出发, 抽象出新的概念和运算法则, 通过逻辑推理来构建新的数学. 当然, **数学研究的意义最终还需要现实的检验**, 正如爱因斯坦②在 1934 年的著作《我眼中的世界》③中所说:

> 迄今为止, 我们的经验已经使我们有理由相信, 自然界是可想象的最简单的数学结构的实际体现. 我坚信, 我们能够用纯粹数学的构造来发现概念以及把这些概念联

---

① 哈密顿（W. R. Hamilton, 1805～1865）, 英国数学家、物理学家、力学家. 他发展了分析力学, 在他的两篇长论文（... Second essay on a general method in dynamics, 1835 年）中提出了著名的 Hamilton 原理和正则方程. 在英国数学家中, 哈密顿的声誉仅次于牛顿, 而且和牛顿一样, 他作为一名物理学家甚至比作为一名数学家在当时更有名.

② 爱因斯坦（Albert Einstein, 1879～1955）, 举世闻名的德裔美国科学家, 现代物理学的开创者和奠基人.

③ 参见: 爱因斯坦. 爱因斯坦论文集: 第 3 卷. 许良英, 赵中立, 张宣三编译. 北京: 商务印书馆, 1979. 原文出自: A. 爱因斯坦. 科学论文集（A. Einstein. *Essays in Science*. New York: Philosophical Library, 1934: 17.）

第十讲 复数的意义

系起来的定律,这些概念和定律是理解自然现象的钥匙. 经验可以提供合适的数学概念,但是数学概念无论如何都不能从经验中推导出来. 当然,经验始终是检验数学结构实用性的唯一标准,但是创造性的原理都存在于数学之中. 因此,在肯定的意义上,我认为纯粹思维能够把握实在,就像古人所想象的那样.

第十一讲 随机变量与数据分析

阅读提示

随机事件充斥着人类活动的各个领域,古代的人们就已经知道有些事件是随机的,但古希腊的哲学家宁可用必然性来解释随机性.而古代的中国人比古希腊人更为实际,他们不是去追究事件发生的原因,而是千方百计地去预测这些事件是否会发生以及以怎样的形式发生.

从拉普拉斯给出的概率的古典定义,到柯尔莫哥洛夫的公理化体系的创造,这是数学抽象的杰作.但是,高度的抽象却是以丢弃直观为代价的,在公理化的概率定义中,已经体会不到随机事件可能发生也可能不发生的神秘感了.利用"推断数据分析"估计概率,与计算概率是完全不一样的:估计概率,我们只能依据数据,参照背景给出估计的方法;计算概率,我们需要对背景了如指掌,并且给出定义和假设.统计学与数学在许多方面是不一样的,是"合而不同"的,相对数学的科学性来说,统计学既是科学也是艺术.

一、随机事件及古代的处理方式

数学历来被认为是确定性的科学,这意味着从同样

第十一讲 随机变量与数据分析

的条件出发就应当得到同样的结论,如果得到的结论不一样,就会认为其中至少有一个结论是错误的.但是,在我们的日常生活中却会遇到大量的不确定事件,也就是说,我们事先无法确定这个事件是否一定会发生,比如,明天下雨,期末考试得到 90 分以上,彩票中奖等等,为了方便起见,称这样的事件为随机事件.

◀ 因为现在中小学的数学课程中增加了统计与概率的内容,特此写了两讲(第十一讲和第十二讲)供参考.

事实上,古代的人们就已经知道有些事件是随机的,只是不知道应当如何处理这些随机事件.古希腊的哲学家宁可用必然性来解释随机性,德谟克里特[①](Demokritos,约公元前 460~前 370)和他的老师留基伯[②](Leukippos,约公元前 500~前 440)认为[③],"没有什么是可以无端发生的,万物都是有理由的,而且都是必然的".德谟克里特举了一个有趣的例子,这个例子后来被许多哲学家引用:

老鹰抓起乌龟飞到空中抛下,这个乌龟恰好落在一个秃子的头上.人们都认为这个事件是偶然的,但我说是必然的.因为老鹰喜欢吃乌龟肉,为了打破乌龟壳就要把乌龟从空中抛到石头上,而这一次是把秃头当做石头了.

这个故事体现了古希腊雄辩的风采,但是德谟克里

---

① 德谟克里特(Demokritos,约公元前 460~前 370),古希腊杰出的唯物主义哲学家和古代进步教育家.主张用说服的方法对学生进行教育,反对用强制的办法.最早的原子论哲学家,他在人类思想混沌一片的时候就开始探索宇宙和生命之源.

② 留基伯(希腊文 Λεκιππο,英文 Leucippus 或 Leukippos,约公元前 500~前 440 年),古希腊唯物主义哲学家,原子论的奠基人之一.

③ 参见:罗素.西方哲学史.北京:商务印书馆,1976.

> 古希腊的学者热衷于探究随机事件发生的原因,而现代数学研究随机事件发生可能性的大小.

特并没有很好地理解什么是偶然事件,他不清楚偶然事件与因果关系之间的界线.一个猴子盲目地打字,是否能打出莎士比亚的作品呢?这个可能是存在的,只是这个可能性很小,打出《哈姆雷特》的可能性[①]只有$\left(\frac{1}{10}\right)^{41600}$,这比另一个外星人来到地球的可能性还要小得多.那么,德谟克里特如何解释这样一类事情的因果关系呢?

对于随机事件,古代的中国人采取的方法与古希腊人迥然不同,他们比古希腊人更为实际,他们不是去追究事件发生的原因,而是千方百计地去预测这些事件是否会发生以及以怎样的形式发生,这是一种占卜术,其集大成者便是列"五经"之首的《周易》.即便是在科学已经得到长足发展的今天,我们看《周易》依然是高深莫测,但是可以高度抽象地说《周易》预测的基本方法就是分类,因为《系辞传》开宗明义:

> 天尊地卑,乾坤定矣.卑高以陈,贵贱位矣.动静有常,刚柔断矣.方以类聚,物以群分,吉凶生矣.

说的就是这个意思.《系辞传》是解释《周易》最为经典的著作,据说是孔子[②]所作.在《周易》中用长横"—"表示阳爻,对应数字中的奇数;两个短横"--"表示阴爻,对应数

---

① 参见:C. R. 劳著. 统计与真理:怎样运用偶然性. 李竹渝等译. 北京:科学出版社,2004.
② 孔子(公元前551年~前479年),名丘,字仲尼,春秋战国时期的鲁国人,大思想家,创立了儒家学派.孔子思想、学说的精华,比较集中地见诸《论语》一书.此书对中国历史产生了深远而巨大的影响.

第十一讲 随机变量与数据分析

字中的偶数.有放回地取阳爻和阴爻三次合成一卦,共有 $2^3=8$ 种组合方法,这便是所谓的"太极生两仪,两仪生四象,四象生八卦",俗称八卦;八卦中每两个分别叠合,又组成 $8^2=64$ 个别卦;每个别卦又分 6 爻,即对应 6 种解释.这样,就把天地万物的事情大体分为 $64×6=384$ 种情况,而算卦就是根据卦象(比如用草棍作为筹码)来预测哪种情况发生的可能性比较大.这种预测方法可能是不科学的,因为对于同样一件事情两次算卦的结果很可能是不一样的,而我们在这一讲的开头就谈到,科学至少要保证同样的条件得到同样的结果.但是《周易》中"分类"的思想方法却是很有道理的,因为在近代科学特别是社会科学中,处理复杂问题最有效的方法就是分类.此外,《周易》中用长短横线来表示各种事件及其组合的方法是跨时代的符号抽象,这类似于二进制数学或者布尔代数的符号体系.众所周知,二进制数学已经被很好地应用于现代计算机系统.二进制数学的发明者之一莱布尼兹认为他的发明与《周易》的符号系统异曲同工,他 1703 年发表在《皇家科学院纪录》的论文《二进制算术的解说》的副标题就是[①]"……它只用 0 与 1,并论述其用途以及伏羲氏使用的古代中国数学的意义".

◀来到中国的法国传教士鲍威特[②](又名白晋,Joachim Bpuvet)1701 年把《周易》介绍到欧洲,英译本《周易》首推是由理雅各[③](Legge,1815～1897)完成的.

---

① 参见:李约瑟著.中国科学技术史:第 2 卷·科学思想史.北京:科学出版社;上海:上海古籍出版社,1990.
② 鲍威特(又名白晋,Joachim Bouvet,1656～1730),法国耶稣士会牧师,法国科学院院士.1687 年到达中国传教,后卒于北京.
③ 理雅各(James Legge,1815～1897),英国伦敦会传教士,牛津大学汉学讲座第一任教授.

二、随机变量与概率

在今天,我们已经很清楚地知道,虽然事先无法确定某一个随机事件是否一定发生,但是可以依据一些先验信息来预测事件发生可能性的大小. 比如,平时学习好的学生"期末考试得到 90 分以上"的可能性要大于平时学习不好的学生. 特别是在信息时代的今天,随机事件更是充斥着人类活动的各个领域:人们的活动,包括上大学、找工作、生儿育女;社会的发展,包括 GDP 的增长,物价指数的变化,证券期货;现代科学研究,包括流行病的传播,遗传基因的表达,GPS 定位系统,物理学中的不确定性原理,化学中的分子行为,语言学中的话语分类,计算机科学中图形识别,军事科学中的反导弹系统,航天科学中的卫星回收等等,数不胜数. 那么,如何把这样一类问题抽象出来进行数学表达呢?我们还是从最简单的问题入手进行分析.

> 数学研究最有力的动力就是实际需要.

一个袋子里有五个大小一样的球,其中有四个白颜色的球和一个红颜色的球.   (11.1)

如果我们从上面的袋子里随机地摸一个球,那么,这个球是什么颜色的呢?显然,可能是白颜色的,也可能是红颜色的. 这样,一个行为就可能有多个结果了,这与我们传统数学研究的函数是不一样的,因为函数要求"因变量取值唯一". 但是,我们还是能够利用抽象符号很好地表达"摸球"这个事件. 仍然用 $y = f(x)$ 来表示两个变量

> 研究新问题的最好方法就是充分利用已有的知识.

第十一讲　随机变量与数据分析

之间的关系,其中 x 表示摸球的行为,y 表示摸到球的颜色.如果用 1 表示白球,用 2 表示红球,则 $y=1$ 表示"摸到白球"这个事件发生,$y=2$ 表示"摸到红球"这个事件发生.我们称这种事先无法确定具体取值的变量 y 为随机变量,称一个随机事件发生的可能性的大小为概率,用 P 表示这个概率.因为现在白球多于红球,我们可以认为事件 $y=1$ 发生的概率要大于事件 $y=2$ 发生的概率,即 $P\{y=1\}>P\{y=2\}$.如果假定每一个球被摸到的可能性都是一样大,容易得到

$$P\{y=1\}=\frac{4}{5},P\{y=2\}=\frac{1}{5}.$$

这样,我们可以给出计算概率的公式:

$$P\{y=1\}=\frac{白球的个数}{所有球的个数};$$

$$P\{y=2\}=\frac{红球的个数}{所有球的个数}.$$

显然有:

$$0 \leqslant P\{y=k\} \leqslant 1, k=1,2;$$
$$P\{y=1\}+P\{y=2\}=1.$$

这两条是概率必须满足的基本性质.

我们考虑更为复杂的情况,从而得到更为一般的结果.从袋子里有放回地随机摸两个球,那么,随机变量 y 可能得到下面四种情况之一:

$$白白,白红,红白,红红. \tag{11.2}$$

如果我们只关心颜色而不关心得到颜色的顺序,那

么,只有三种不同的情况:两个都是白球,一个白球一个红球,两个都是红球,分别用1,2,3来表示这三个事件,现在来计算概率.

先考虑一个简单的方法,因为摸一次球为白球的概率是 $\frac{4}{5}$,那么连续摸两次得到的都是白球的概率就是 $\frac{4}{5} \times \frac{4}{5}$.同理,连续摸两次得到的都是红球的概率为 $\frac{1}{5} \times \frac{1}{5}$.然后根据概率的和为1的基本性质,可以得到一个白球一个红球的概率.这样有

$$P\{y=1\} = \frac{4}{5} \times \frac{4}{5} = \frac{16}{25};$$

$$P\{y=3\} = \frac{1}{5} \times \frac{1}{5} = \frac{1}{25};$$

$$P\{y=2\} = 1 - \frac{16}{25} - \frac{1}{25} = \frac{8}{25}.$$

我们还可以用计算乘积事件的方法得到 $P\{y=2\}$.用 p 表示一次摸球摸到白球的概率,用 $q=1-p$ 表示一次摸球摸到红球的概率,那么摸到一个白球一个红球的概率为 $p \times q$,因为有白红和红白两种情况,应当为2倍,则有

$$\{y=2\} = 2pq = 2 \times \frac{4}{5} \times \frac{1}{5} = \frac{8}{25}.$$

最后,为了得到一般的公式,我们用直接计算的方法.先考虑从5个球中有放回地摸出2个球的所有可能,因为是有放回的,第一次被摸到的球第二次仍然有可能被摸到,因此有 $5 \times 5 = 25$ 种可能;再考虑摸到一个白球一个红球的所有可能,一个是从4个白球中摸出1个,有

4 种可能,一个是从 1 个红球中摸出 1 个,只有 1 种可能,因为有白红和红白两种情况,所以有 $2\times 4\times 1=8$ 种可能. 概率应当为这两种可能之比,就可以得到事件"摸到一个白球一个红球"发生的概率为 $\dfrac{8}{25}$. 这样,我们可以一般地定义事件 $\{y=k\}$ 发生的概率为

$$P\{y=k\}=\frac{\text{使得事件}\{y=k\}\text{发生的可能数}}{\text{所有可能数}}. \qquad (11.3)$$

这个定义被称为**概率的古典定义**,是法国数学家拉普拉斯(Laplace,1749~1827)在他 1812 年的著作《概率的分析理论》中给出的.

为了使得问题更具条理性,从而给出更一般的结果,我们还须要对随机事件进一步抽象. 首先定义事件之间的运算,把我们感兴趣的、形式最为简单的事件称为**基本事件**,用 ω_i 表示,其中 $i=1,\cdots,n$(或者无穷). 令 $\Omega=\{\omega_1,\cdots,\omega_n\}$ 表示由所有基本事件构成的集合,称其为样本空间. 用字母 A,B 等表示样本空间 Ω 的子集合,即是由 ω_1,$\cdots,\omega_n$ 中部分事件构成的集合,称这样的子集合为**事件**. 很显然,一个基本事件也是样本空间的一个子集合,因而构成事件. 约定只要 A 中有一个基本事件发生则认为事件 A 发生. 进一步,用

◀ 现代数学的许多分支都把其理论建立在集合论的基础之上,因为抽象的符号表达可以把问题表述得更加清晰.

$A\subset B$ 表示 $\omega\in A$ 则 $\omega\in B$,称为"B 包含 A";

$A\cup B$ 表示如果 $\omega\in A\cup B$ 则 $\omega\in A$ 或者 $\omega\in B$,称为"A 与 B 的并";

$A\cap B$ 表示如果 $\omega\in A\cap B$ 则 $\omega\in A$ 并且 $\omega\in B$,称为"A 与 B 的交".

如果 $A\cap B=\varnothing$,即 A 和 B 中没有共同包含的基本

事件,则称"A 与 B 互斥";如果 A 与 B 互斥并且 A 与 B 的并为样本空间,即 $A \cup B = \Omega$,则称"A 与 B 互补".

还是利用两次摸球的例子来直观说明这些运算. 由 (11.2) 可以得到样本空间 $\Omega=\{白白,白红,红白,红红\}$. 显然,$A=\{白白\}$,$B=\{白白,白红,红白\}$ 和 $C=\{白红,红白,红红\}$ 都是 Ω 的子集,并且

$$A \subset B, A \cup B = B, B \cup C = \Omega, A \cap B = A, B \cap C = \{白红,红白\}.$$

因为 $A \cup C = \Omega$ 和 $A \cap C = \emptyset$,所以 A 与 C 互补.

现在我们就可以一般地定义事件发生的概率了. 概率 P 是定义在样本空间 Ω 上的一个测度,这是一种对集合大小的度量,满足:

1. 非负性:对于 Ω 的任何子集 A,有 $P(A) \geqslant 0$;

2. 完全性:$P(\Omega)=1$;

3. 可加性:如果 A 和 B 互斥,则 $P(A \cup B) = P(A) + P(B)$.

通常称上述定义为**概率的公理化定义**. 在这个非常一般的定义下,可以比较清晰地阐明概率论的许多重要定理和推导出许多重要的计算公式. 这些基础性工作是 20 世纪最杰出的数学家之一、俄罗斯的柯尔莫哥洛夫[①](Kol-

---

① 柯尔莫哥洛夫(A. N. Kolmogorov,1903~1987),20 世纪最有影响的苏联数学家. 他对许多数学分支贡献了创造性的一般理论. 无论在纯粹数学还是应用数学方面,在确定性现象的数学还是随机数学方面,在数学研究还是数学教育方面,他都作出了杰出的贡献. 曾担任美国、法国、民主德国、荷兰、波兰、芬兰等 20 多个科学院的外国院士,英国皇家学会外国会员. 他是法国巴黎大学、波兰华沙大学等多所大学的名誉博士. 1963 年获国际巴尔桑奖,1975 年获匈牙利奖章,1976 年获美国气象学会奖章,民主德国赫姆霍兹奖章,1980 年获世界最著名的沃尔夫奖.

mogorov,1903~1987)创立的.他在1933年出版的德文著作《概率论基础》已经成为这个研究领域的经典.

上面的第 3 条是本质的.事实上,两个事件 A 和 B 的并 $A \cup B$ 构成了一个新的事件,如图 11.1 所示,这个新的事件发生的概率,应当为事件 A 和事件 B 发生的概率之和减去事件 $A \cap B$ 的概率,即

$$P(A \cup B) = P(A) + P(B) - P(A \cap B),$$

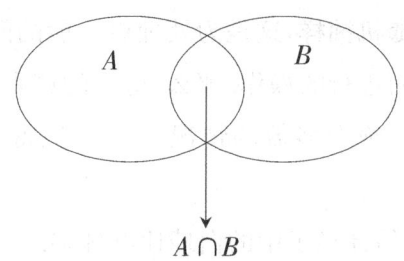

图 11.1 计算两个事件并的概率

这是因为在 $P(A)+P(B)$ 中事件 $A \cap B$ 发生的概率被重复计算了两次,所以应当减去其中的一次.当 $A \cap B = \emptyset$ 时,就有了第 3 条.由上式容易得到,如果 $A \subset B$ 且 $A \neq B$ 时,有 $P(A) < P(B)$;进一步,由第 1 条和第 2 条可以得到 $0 \leqslant P\{A\} \leqslant 1$.

与我们对数学的讨论一样,高度的抽象对于深刻理解数学的含义是重要的,但是也带来了一个非常大的弱点:高度的抽象是以丢弃直观为代价的.我们在上面的定义中,已经根本看不到随机了,也体会不到随机事件可能发生也可能不发生的神秘感了.下面我们从一个全新的、几乎不能称其为数学的角度来分析这个问题.

三、数据分析

对于数据分析,我们还是从讨论前文提及的摸球问题(11.1)入手. 我们假设不知道袋子中球的情况,希望通过调查的结果进行预测. 调查的方法是有放回地摸球并记录球的颜色,称这些记录为数据. 之所以进行"有放回"的操作是为了使每次调查所处的条件都是一样的,称这样的操作为**随机抽样**,这是为处理更一般的问题、从而寻找普遍规律而进行的操作. 那么,这样的调查之后会得到什么结果呢? 绝大多数的情况会有序地得到下面三个结果:

> 解决复杂数学问题的窍门之一是从简单问题做起,但是在解决简单问题的时候必须同时兼顾一般的情况,否则得到的结论很可能是个案的,这将失去普遍性.

1. 可以估计袋子中的白球比红球多.
2. 可以估计白球与红球的比例.
3. 如果知道球的总数,可以分别估计白球和红球的数量.

上面反复用到了"估计"这个词,是因为我们调查的操作是随机的,是不确定的,我们只能通过数据估计概率,或者说通过数据估计袋子中球的情况,这是一种推断的方法,通常称为"统计推断"或者"推断数据分析". **估计概率与计算概率是完全不一样的**:计算概率时我们需要对背景了如指掌,并且给出定义和假设;而估计概率时我们只能依据数据,参照数据产生的背景给出估计的方法.

假设袋子中白球的比例为 p,我们来估计这个 p. 如果有放回地摸球 n 次,其中有 m 次是白球,则可以用 $p_n = \frac{m}{n}$ 来估计白球所占的比例 p,称其中的 n 为样本数,称 p_n

第十一讲 随机变量与数据分析

为估计量.如果知道袋子里一共有 N 个球,那么,可以估计白球的个数为 $[Np_n]$,红球的个数为 $N-[Np_n]$,其中 $[a]$ 表示不超过 a 的最大整数.

在统计学中,称上述估计方法为"最大似然估计"[①](参见第十二讲),在大多数情况下,最大似然估计方法是好的,但是在有些时候就不一定最好了.比如,在篮球比赛中预测运动员的投篮命中率,一个人投了一次投中了,你能估计他投篮命中率就是 100% 吗?可是用最大似然估计方法得到的就是这个结果.事实上,即便这个运动员投 10 个球投中了 10 次,你也不能认为他的命中率就是 100%.统计学中还有一种被称为"贝叶斯估计"的估计方法告诉我们,这个时候可以用 $\dfrac{m+1}{n+2}$ 来估计 p,那么投中 1 个球时估计命中率为 $\dfrac{2}{3}$,连续投中 10 个球时估计命中率为 $\dfrac{11}{12}$,这种方法在直观上是能被接受的.当然,当 n 较大时 $\dfrac{m+1}{n+2}$ 与 $\dfrac{m}{n}$ 之间的差别是不大的.贝叶斯[②](Bayes,1702

◀ 在数据分析中,允许对同样的问题用不同的方法来进行研究.

---

① 在统计学中称 p 为参数,统计推断中很重要的一个研究领域就是对参数进行估计.最大似然估计是一种重要的估计方法,是由英国统计学家费歇(Fisher)提出的,这个方法需要假定数据的取值分布,其中含有未知参数 p,而最大似然估计就是使得"调查得到这些数据"这个事件发生概率达到最大的参数.在这个例子中我们假定了数据来源于二项分布.详细讨论参见第十二讲.

② 贝叶斯(Thomas Bayes,1702~1763),英国数学家.1702 年出生于伦敦,做过神甫.1742 年成为英国皇家学会会员.1763 年 4 月 7 日逝世.在数学方面主要研究概率论,他首先将归纳推理法用于概率论基础理论,并创立了贝叶斯统计理论,对于统计决策函数、统计推断、统计的估算等作出了贡献.1763 年发表了这方面的论著,对于现代概率论和数理统计都有很重要的作用.贝叶斯的另一著作《机会的学说概论》发表于 1758 年.贝叶斯所采用的许多术语被沿用至今.贝叶斯决策理论是主观贝叶斯派归纳理论的重要组成部分.

~1763）是英国统计学家，是推断数据分析的奠基人，他在 1763 年发表的论文《论机会学说问题的求解》给出的"贝叶斯方法"至今仍然被广泛应用．拉普拉斯和高斯给出了利用贝叶斯公式的估计方法．

在摸球的例子中还有下面两个问题是须要考虑的．

1. 如果用 $p_n = \dfrac{m}{n}$ 来估计概率 p，那么估计量 p_n 本身也是随机变量，就是说，每次估计的结果可能是不一样的．我们可以直观地判断，样本数 n 越大时估计值就应当越接近真实概率，也就是说，当 $n \to \infty$ 时应当有 $p_n \to p$．雅各布·伯努利① 用概率论的表达方式给出了关于这个问题的答案：对于任意的 $\varepsilon > 0$，我们都可以得到

> 对于抽象的符号表达，需要静下心来仔细地理解符号所希望表达的意思，从符号表达返璞到语言表达．

当 $n \to \infty$ 时，$P\{|p_n - p| < \varepsilon\} \to 1$．

这是一个关于概率的极限，其中的事件是"估计量与真实概率之差小于任意给定的一个实数"，这个公式表达的意思是：只要样本数足够大，那么，所说事件发生的概率 $P\{|p_n - p| < \varepsilon\}$ 近似为 1．上面的式子等价于

当 $n \to \infty$ 时，$P\{|p_n - p| \geqslant \varepsilon\} \to 0$．

这个公式用语言可以描述为：当样本数足够大时，事件"估计量与真实概率之差大于任意给定的一个实数"发生的概率近似为 0．

在概率论和统计学中，称这个结果为"伯努利大数定

---

① 雅各布·伯努利（Jacob Bernoulli，1654～1705），瑞士数学家．他原学神学，数学是后来自学的．1687 年成为巴塞尔大学数学教授．莱布尼兹的著作引起了他对微积分的兴趣．雅各布对数学最重大的贡献是在概率论研究方面．他从 1685 年起发表关于赌博游戏中输赢次数问题的论文，后来写成巨著《猜度术》，这本书在他死后 8 年，即 1713 年才得以出版．

律",这是一个非常重要的结果,有了这个结果作保障,就可以放心大胆地使用最大似然估计了.但是,并不是每个估计量都能满足这个结果的,因此,人们在给出一个新的估计量时,首先要验证这个估计量是否满足大数定律.我们能够直观地判断,贝叶斯估计也满足大数定律,因为贝叶斯估计与最大似然估计在极限状态是一致的.

◀ 在有些教科书中用 p_n 的极限来定义概率 p,即 $\lim\limits_{n\to\infty} p_n = p$,并称其为概率的统计定义.这是不确切的,因为大数定律只是从概率的形式讨论了 p_n 的收敛性,因此还是用估计比较确切.

2. 既然估计的精度与样本量 n 有关系,那么,在调查之前我们应当怎样确定样本量呢?经验告诉我们,即便我们知道真实概率是 $p=\frac{4}{5}$,通过数据计算得到的估计 p_n 恰好等于 $\frac{4}{5}$ 的可能性也是不大的,但估计量的取值在 $\frac{4}{5}$ 的附近的可能性是较大的,比如取值在 $\frac{7}{10}$ 到 $\frac{9}{10}$ 的区间里.令 A_n 表示事件"估计量取值在这个区间",即

$$A_n = \left\{ p_n \in \left[\frac{7}{10}, \frac{9}{10}\right] \right\},$$

我们可以通过计算得到,为使 $P\{A_n\} \geqslant 0.80$,需要样本量 $n \geqslant 21$;为使 $P\{A_n\} \geqslant 0.95$,需要样本量 $n \geqslant 60$. 也就是说,为了使估计量 p_n 有 95% 的可能满足 $\frac{7}{10} \leqslant p_n \leqslant \frac{9}{10}$,我们应当摸球 60 次以上.

四、统计学与数学的区别

虽然统计学要利用数学方法来进行计算,但从上面的数据分析中我们能够体会到,统计学与数学在许多方面是不一样的,是"合而不同"的.下面尝试地分析一下二

者之间的区别,这不仅有利于我们了解统计学,也有利于我们更加深层次地理解数学.

(一) 立论基础不同

从数量和数量关系这个角度考虑,**数学是建立在概念和符号的基础上的**.为了研究数量,先从数量中抽象出自然数以及自然数的运算法则,根据运算的需要逐渐进行数的扩充:自然数与加法,整数与减法,有理数与除法,实数与极限;为了研究数量关系,定义了方程、函数、导数、微分、积分、微分方程.从对数学的抽象过程的讨论我们知道,一个好的概念的形成和一个好的符号表达对于数学的发展是至关重要的.而**统计学是建立在数据的基础上的**,虽然概念和符号对于统计学的发展也是重要的,但是统计学在本质上是通过数据进行推断的.

(二) 推理方法不同

> 就方法和逻辑而言,统计学与数学是一致的.

与概念和符号相对应,**数学的推理依赖的是公理和假设**,虽然这些公理和假设可能是来源于人们的经验和直观;**数学的推理过程在本质上是演绎法**,这是一个以三段论为核心的推理方法,是一个从一般到特殊的方法.而**统计学的推断依赖的是数据和数据产生的背景**,强调根据背景寻找合适的推断方法;**统计学的推理过程在本质上是归纳法**,这是一个从部分推断全体的方法,是一个从特殊到一般的方法.

(三) 判断原则不同

我们已经说过,数学在本质上是确定性的,从同样的条件出发就应当得到同样的结果,如果结果不一样则必然有一个是错误的.因此,**数学对结果的判断标准是"对**

第十一讲　随机变量与数据分析

错",从这个意义上说,数学是一门科学.而统计学是通过数据来推断数据产生的背景,即便是同样的数据,也允许人们根据自己的理解提出不同的推断方法,给出不同的推断结果,比如我们用过的最大似然估计和贝叶斯估计,我们很难说哪种方法是对的或者哪种方法是错的.因此,**统计学对结果的判断标准是"好坏"**,从这个意义上说,统计学不仅是一门科学,也是一门艺术,因为艺术是允许"仁者见仁,智者见智"的.

下面再通过两个例子来阐述统计学与数学的不同.

1. 函数、概率与统计的对比分析

我们已经讨论过上述三者之间的共性与不同,下面我们再用一个例子更加详细地阐述.背景是

在一所小学,对于香港的男演员,学生们不是喜欢成龙就是喜欢周星驰. (11.4)

首先建立关系式 $y = f(x)$,其中 x 表示学生,y 表示学生喜欢的演员.为了方便起见,用 1 表示周星驰,用 2 表示成龙.

如果我们知道,这所小学 1～3 年级的学生喜欢周星驰,4～6 年级的学生喜欢成龙,那么,就构成了一个**函数关系**:

$$y = \begin{cases} 1, & x=1,2,3; \\ 2, & x=4,5,6. \end{cases}$$

学生是三年级以下的,即 $x=1,2,3$,则函数值对应于周星驰,即 $y=1$;学生是四年级以上的,即 $x=4,5,6$,

则函数值对应于成龙,即 $y=2$.

如果我们知道,这所小学的学生有 $\frac{1}{3}$ 喜欢周星驰,$\frac{2}{3}$ 喜欢成龙,则构成了**概率关系**. 令 $\{y=1\}$ 表示事件"学生喜欢周星驰",$\{y=2\}$ 表示事件"学生喜欢成龙",那么对于一名随机抽查到的学生,这名学生喜欢周星驰和成龙的概率分别为

$$P\{y=1\}=\frac{1}{3} \text{ 和 } P\{y=2\}=\frac{2}{3}.$$

如果我们除了(11.4)以外没有其他信息,希望通过调查数据来估计学生喜欢两位演员的分布,则是**统计关系**. 令学生喜欢周星驰的概率为 p,我们通过调查来估计这个概率. 调查了 n 名学生,其中有 m 名学生喜欢周星驰,于是我们就用 $\frac{m}{n}$ 来估计 p;这时学生喜欢成龙的概率就是 $1-p$,用 $1-\frac{m}{n}$ 来估计,这便是我们曾经提到过的最大似然估计. 当然,我们还可以更仔细地来估计学生喜欢两位演员的分布,比如,分别调查每个年级学生的情况,或者分别调查男生女生的情况,等等.

从这个例子可以进一步看到,数学(甚至包括概率)更侧重研究确定性的问题,而统计学则更侧重研究不确定的问题.

2. 真分数加法

统计学与数学不仅是分析方法方面有所不同,就是运算法则也可以有所不同,这完全依赖于应用背景. 数的运算法则是从现实生活中抽象出来的,因此,在不同的背

景下,可以抽象出不同的运算法则. 我们曾经定义了分数的加法,那种加法与实数的加法是一致的. 但是,在统计学中经常会遇到另一种关于分数的加法,因为涉及的都是真分数的加法,得到的和仍然为真分数,我们不妨称其为"真分数加法",用⊕来表示真分数加法的运算符号.

◁ 为了解决现实生活和生产实践中的问题,我们不能被限制在已有的方法之中.

比如篮球比赛,某运动员在第一场比赛投了 12 个球,投中了 7 个,在第二场比赛投了 8 个球,投中了 4 个,那么,如何估计这名运动员的投中率呢? 用最大似然估计,第一场的估计是 $\frac{7}{12}$,第二场的估计是 $\frac{4}{8}$,如果按照实数的分数加法,可以得到 $\frac{7}{12}+\frac{4}{8}=\frac{26}{24}$,这是一个大于 1 的数,用这个数来估计显然是不合理的;即使把这个数除以 2,得到 $\frac{13}{24}$,用这个数来估计也是不合理的,因为对于这名运动员,两场比赛的权重是不一样的. 事实上,我们可以这样计算:

$$\frac{7}{12} \oplus \frac{4}{8} = \frac{7+4}{12+8} = \frac{11}{20}.$$

可以看到,在这个例子中,这种真分数的加法是符合常理的,因为在两场球赛中这名球员共投 20 个球,投中 11 个球,投中率是 $\frac{11}{20}$.

为了给出上面的运算一个一般的法则,就需要对这种运算的现实背景进行抽象,抽象后形成的数学结构往往被称为模型,因此,**模型是沟通数学与外部世界的桥梁**(参见下一讲). 考虑只有两个结果的事件,不妨称一个结果为成功,一个结果为失败,用 p 表示成功的概率,我们需要通过调查的数据来估计成功的概率. 从统计学的角度考虑,需要多次重复调查,比如第一回重复调查了 N 次,其中成功 n 次,用最大似然估计 $\frac{n}{N}$ 来估计 p,记为 $p(N)=\frac{n}{N}$;第二回又重复调查了 M 次事件,其中成功 m 次,则有 $p(M)=\frac{m}{M}$. 现在,我们要统筹考虑多次调查的结果,应当如何估计 p 呢? 显然,合理的估计是

$$p(N+M)=p(N)\oplus p(M)=\frac{n}{N}\oplus\frac{m}{M}=\frac{m+n}{M+N},$$

这就是真分数加法的定义. 容易验证,这个加法得到的和 $p(N+M)$ 比 $p(N)$ 和 $p(M)$ 之中较小的大、较大的小,即

$$\min\{p(N),p(M)\}\leqslant p(N+M)\leqslant\max\{p(N),p(M)\},$$

其中 min 和 max 是数学表达时经常会用到的符号,分别表示集合中最小的值和最大的值.

上面的式子恰恰是平均数需要满足的性质,因此,**我们所定义的真分数加法正是一种比值的平均数**. 在这种运算中,是不允许通分的,比如在投篮的例子中,不能把 $\frac{4}{8}$ 看做 $\frac{1}{2}$,否则计算的结果就不一样了. 这样的限制也是符合常理的,因为投 100 个球投中 50 个与投 2 个球投中 1 个给人的感觉是不一样的,虽然通分后比值都是 $\frac{1}{2}$,但前者比后者要更稳定一些,结果更可靠一些. 用统计学的术语说,在同等条件下样本量大的估计比样本量小的估计更好,这也是伯努利大数定律告诉我们的道理.

第十二讲　统计学的发展

阅读提示

统计学的本质是数据分析,通过对数据的分析来了解和判断数据产生的背景,这种分析方法有着悠久的历史.传统的方法是通过集中趋势、离中趋势、图形表示等来刻画数据,被称为描述数据分析.现代的方法则更强调数据的随机性,建立起总体产生数据的模型,利用数据来推测总体的情况,被称为推断数据分析.

数据是信息的载体,这个载体包括数,也包括言语、信号、图像,凡是能够承载事物信息的东西都构成数据,而统计学就是通过这些载体来提取信息进行分析的科学和艺术.统计学中最基本、也是最重要的思想与方法,包括二值模型、误差模型、随机变量的均值、回归模型、拟合优度检验等.

一、统计学的历史回顾

因为种种原因,所有论述数学发展的书都很少涉及统计学的内容.但是进入现代以后,统计学与日常生活和生产实践关系就越来越密切了,因此,从 21 世纪开始,在我国中小学的数学教科书中就有了统计学的内容.事实上,在一些发达国家的中小学很早就有了统计学的内容.为此,我们简单地归纳一下统计学的基本思想和经典方法的形成及其发展过程是重要的.并且,正如在上一讲谈到的,这样做的效果,不单纯是能够更好地把握统计学,即便是对数学的理解也是有益处的.

我们已经多次强调,统计学的基础是数据,但是**人们对于数据的理解是逐渐加深的**.很早以前,人们就知道调查和记录数据,知道利用数据分析的结果进行判断和决策,史前时代人们用刻痕或者结绳等方法来记录事情,这显然比算术的起源还要早.

中国在周朝就设有专门负责调查和记录数据的官员,被称为司书.《周礼·天官·冢宰》中记载,国家设立"司书上士二人,中士四人,府二人,史二人,徒八人".主要工作是负责"邦之六典……以周知入出百物……以知田野夫家六畜之数".在《管子·问》中提到六十五个问,这里的"问"是"调查"的意思,因此,六十五个问实际上是65个调查科目.其中大部分科目是与管理国家有关的数据,这些调查科目即便是对现今社会的管理也是很有启发的,比如,

问死事之孤其未有田宅者有乎?问少壮而未胜甲兵者几何人?问国之有功大者何官之吏也?问独夫寡妇孤寡疾病者几何人也?问乡之良家其所牧养者几何人矣?

问邑之贫人债而食者几何家？人之开田而耕者几何家？士之身耕者几何家？子弟以孝闻于乡里者几何人？余子父母存，不养而出离者几何人？士之有田而不使者几何人？外人之来从而未有田宅者几何家？国子弟之游于外者几何人？贫士之受责于大夫者几何人？外人来游在大夫之家者几何人？男女不整齐，乱乡子弟者有乎？余子之胜甲兵有行伍者几何人？问男女有巧伎，能利备用者几何人？处女操工事者几何人？问一民有几年之食也？问兵车之计几何乘也？士之急难可使者几何人？可以修城郭补守备者几何人？城粟军粮其可以行几何年也？吏之急难可使者几何人？所捕盗贼除人害者几何矣？

    我们已经找不到当时的调查结果了，因此不可能确切地知道当时是如何记录数据和进行数据处理的，但可以想象，其中很可能会涉及"平均数"或者"众数"的概念.

    在古罗马，至少在第六世王图利乌斯（Tullius，公元前578～前534）时代就设立了监察官（censors），为了税收和征兵，每5年做一次人口和财产登记，人口调查"census"一词来源于拉丁语 censere，是税收的意思. 在古印度，大约在公元前300年左右成书的《印度经典（Arthasastra）》中详细记述了应当如何收集和整理数据，书中还规定了村里会计的职责[①]：

---

    ① 参见：C. R. 劳著. 统计与真理：怎样运用偶然性. 北京：科学出版社，2001.

记录哪些家庭纳税,哪些没有纳税;不仅要登记村中四个等级居民的人口总数,还要登记种田人、养牛人、商人、工匠、体力劳动者、奴隶,以及每户拥有的两条腿和四条腿的动物的准确数据.

从历史的回顾中我们可以看到,最初的统计学是与管理国家有关的. 事实上,统计学这个词最初是德文 statistieken,由德国统计学家阿亨瓦尔[①](Achenwall,1719～1772)创造的,这个词大概源自现代拉丁文[②],是由古拉丁文 status 这个词演变过来的,原意是国家、政府. 阿亨瓦尔解释他所创造这个词的意思为"由国家来收集、处理和使用数据". 英文的统计 statistics 一词,最早出现在辛克莱[③](J. Sinclair,1754～1835)主编的于 1791～1799 年期间出版的 21 卷《统计报表》(*Old Statistical Account*)上,《统计报表》对 166 个科目进行了调查,内容涉及苏格兰的历史、地理和社会. 在第 10 卷中,他说到 statistics 这个词来自德文[④],他解释道:

---

① 高特里特·阿亨瓦尔(G. Achenwall,1719～1772),德国统计学家. 1749 年第一次引进专有名词"统计",用来表示对某种状态各种特性的综合描述.
② Woolf S. ,Statistics and the Modern State,Comparative Study of Society and History,1989:588～604.
③ 在英国,1791～1799 年间,辛克莱(J. Sinclair)爵士在他出版的一套系列刊物中使用了统计(statistics)一词. 这套刊物主题为"关于苏格兰的统计调查:为旨在考察居民所享受的福利程度,制定将来的改善政策而对本州的调查".
④ 参见网站 http://www.biocrawler.com/encyclopedia/Sir John Sinclair.

第十二讲 统计学的发展

在德国,这个词的意思是以考察国家政治力量或者有关国家事物为目的的调查,而我现在添加的意思是以考察国民的幸福程度以及改善途径为目的的调查.我想一个新的词汇会吸引更多的公众关注,就坚决用了这个词,希望它能与我们的语言完美融合.

正如辛克莱希望的那样,统计学逐渐扩展到人们日常生活和生产实践的各个方面.人们已经清楚地知道,为了更好地管理或者决策,就要了解管理或者决策的对象,**除了定性的分析以外还应当通过数据进行定量的分析**.

如果说到对于数据的重视,真正实践"理论结果应当与观察结果一致"这一信念的,我想,应当首先提到的是德国天文学家开普勒(Kepler,1571~1630)关于火星运行轨道的观察.所有的资料表明,在开普勒之前,人们都认为行星是按圆形轨道运行的,因为圆形被认为是最完满的.在这一点上,古希腊的学者思考得更为深刻[①]:行星的运行应当是匀速的,即在相同的时间行走相同的距离,为此行星的运行轨迹必须是圆形的.甚至伟大的波兰天文学家哥白尼(Copernicus,1473~1543)写道[②]:

◀ 这个例子进一步说明,现实需要是科学研究最为本质的基础和动力.

一想到它不是圆形就怕得毛骨悚然,因为这是对至高无上的创造去设想那种不完满的东西,这是毫无价值的.

---

① 参见:M.克莱茵.数学:确定性的丧失.李宏魁译.长沙:湖南科学技术出版社,1997.
② 参见:塞根著.宇宙的奥秘.史宁中等译.长春:东北师范大学出版社,1992.
卡尔·塞根(Carl Sagan),美国康奈尔大学天文学教授,行星研究所所长.

但是开普勒给出了颠覆性的结果.开普勒的老师丹麦天文学家第谷·布拉赫①(Tycho Brahe,1546~1601)连续多年观察了火星和其他行星在星座间的运行状况,记录了大量的数据,对于这些数据开普勒经过长达三年的反复计算,发现实际观测数据与圆形轨道不吻合,相差8分.我们知道,1度为60分,8分是相当小的误差,特别是在那个没有望远镜的时代.但是,开普勒说:

神赐给我们勤奋的观察家第谷,神对他的观测数据与我的托勒密式的计算之间产生的8分之差作了公断,接受这样的公断,我们不能不感到非常幸运.……如果我相信这8分之差可以忽略的话,那么,只需要在我的假说上做一个补丁.但是,这8分之差是谁也不能忽略的,这8分之差给我们指出了一条完全改变天文学的道路.

为了寻求新路,开普勒设想火星的运动轨迹是一个椭圆,太阳在其中的一个焦点上,计算结果与观测数据完全吻合,这便是开普勒的第一定律.但是,应当如何解释匀速运动呢?后来他发现火星靠近太阳时运动得要快一些,通过

---

① 第谷·布拉赫(Tycho Brahe,1546~1601),丹麦天文学家和占星学家.1546年12月14日生于斯坎尼亚省基乌德斯特普的一个贵族家庭,其父是律师.他的叔父没有子女,在他1岁时简直就是把他偷走了,但叔父后来获准抚养这个孩子.1601年10月24日,第谷逝世于布拉格,终年57岁.第谷是一位杰出的观测家,但他的宇宙观却是错误的.第谷的大量极为精确的天文观测资料为开普勒的工作创造了条件,他所编著经开普勒完成,于1627年出版的《鲁道夫天文表》(Rudolphine Tables)成为当时最精确的天文表.第谷对天文学的贡献是不可磨灭的,他所作的观测精度之高是他同时代的人望尘莫及的.作为丹麦天文学家的第谷是近代天文学的奠基人.

第十二讲 统计学的发展

认真计算一个意想不到结果出现了:如果以太阳为轴心,那么,火星在相同的时间扫过的面积是相等的,这便是开普勒的第二定律(参见图 12.1).

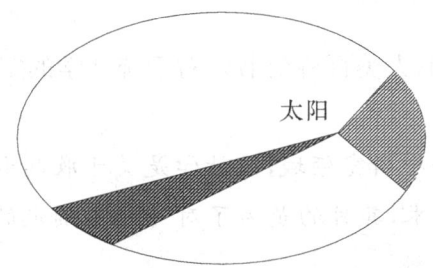

图 12.1 相同的时间扫过的面积相等

正是开普勒的定律引发了牛顿的思考,于是牛顿创立了万有引力学说.事实正如开普勒所说,这 8 分之差改变了天文学,改变了人们对宇宙的认识.开普勒、伽利略、牛顿,以及后来的科学家们意识到必须尊重观察和实验的结果,意识到获取基本原理的正确方法是注意大自然说了什么而不是我们想了什么.为此,英国哲学家培根(Bacon,1561～1626)给出了明确的命题:**人类只有研究从自然现象中得来的资料才能获得自然界的知识**,才可能有今天科学的繁荣与昌盛.

无论如何,人们已经知道数据是包含着信息的,通过对数据分析我们能够知道很多事情,正如 C. R. 劳[①]所说:

[①] C. R. 劳(C. R. Rao,1920～),出生在印度卡那塔加(Karnataka)省的那达加里(Hadagari)一个贵族家庭.1940 年,获得印度安德拉(Andra)大学数学硕士学位.1943 年,在加尔各答(Calcutta)大学获得统计学硕士学位.1948 年,从师数理统计学奠基人 R. A. 费歇(Fisher)教授,获得英国剑桥大学的统计学博士学位.当代国际最著名的统计学家之一,著有统计哲理论著《统计与真理——怎样运用偶然性》.

统计分析的形式随着时代的推移而变化着,但是'从数据中提取一切信息'或者'归纳和揭示'作为统计分析的目的却一直没有改变.

也正如《大美百科全书》[①]对于统计学的定义:

作为一个研究领域,统计学是关于收集和分析数据的科学和艺术,其目的是为了对一些不确定的事物进行较准确的推断.

二、整理数据的常见方法

为了便于分析,需要在**不损失信息的前提下,对看起来杂乱无章的数据进行必要的归纳和整理**.现存的文献表明,第一个对大量的统计资料进行系统地、卓有成效地整理的是英国统计学家格朗特[②](J. Graunt,1620～1674).那是瘟疫大面积在欧洲流行的时代,伦敦的有关机构出版了有关死亡原因的每周报表[③].格朗特对这些报表进行了认真的整理和分析,于1662年出版了《死亡报表的自然和政治观察》,其中首次揭示了男孩的出生率高于女孩的事实.受格朗特的影响,英国古典政治经济学创始人

▶ 这些结果对推动社会科学的研究和发展起到了基石的作用.

---

① *Encyclopedia Americana*,Encyclopedia Americana Inc. 1990,中译本见:大美百科全书.台北:光复书局,1991.
② 格朗特(John Graunt,1620～1674),英国的政治算术学派的代表人物,较早地利用数字对人口和经济方面进行记载和推断,成为统计学的另一个来源.早在1661年,他在《死亡表的自然观察和政治观察》一书中对当时英国情况的分析就揭示出一系列的数量关系.其开创性——做了前人没有想到没有做的事情,在统计学史上具有重大意义.
③ 参见:塞根著.宇宙的奥秘.史宁中等译.长春:东北师范大学出版社,1992:56.

第十二讲 统计学的发展

威廉·配第[①]（W. Petty, 1623～1687）于 1690 年出版了《政治算术》，这是第一部利用数量分析进行国情国力比较的著作. 英国天文学家哈雷[②]（Halley, 1656～1742）于 1693 年发布了布雷斯劳人口死亡率表, 出版了《人口死亡率下降估计》, 第一次利用数据探讨了死亡率与年龄的关系, 提出了如何对死亡率进行估计的问题.

因为这些学者的工作, 开始形成了数据整理的有效方法. 下面我们通过一个例子来阐述一些常用的数据整理方法, 数据如下[③]：

对某一品种的树苗进行调查, 随机抽取了 100 株, 测量了树木的直径. 测量结果发现: 最小直径大于 6.5 cm, 最大直径小于 17.5 cm. 于是从 6.5 出发, 每隔 1 cm 做一个区间, 到 17.5 正好 11 个区间, 分别用数字 7, 8, …, 17 表示. 再记录直径在每一个区间的树木的株数, 得到下列数据：

$$(7,2)\ (8,5)\ (9,8)\ (10,10)\ (11,13)\ (12,26)\ (13,12)\ (14,9)\ (15,8)\ (16,4)\ (17,3) \tag{12.1}$$

[①] 威廉·配第（W. Petty, 1623～1687）, 英国经济学家, 古典政治经济学创始人, 被马克思称为"政治经济学始祖". 其代表作是《政治算术》(1676).

[②] 哈雷（Edmond Halley, 1656～1742）, 英国天文学家和数学家. 哈雷生逢以新思想为基础的科学革命时代, 1673 年他进入牛津大学王后学院. 1676 年到南大西洋的圣赫勒纳岛测定南天恒星的方位, 完成了载有 341 颗恒星精确位置的南天星表, 记录到一次水星凌日, 还作过大量的钟摆观测（南半球钟摆旋转的方向与北半球相反）. 1678 年哈雷被选为皇家学会成员, 并荣获牛津大学硕士学位. 1684 年, 他到剑桥向牛顿请教行星运动的力学解释, 在哈雷研究取得进展的鼓舞下, 牛顿扩大了他对天体力学的研究.

[③] 数据来源于《大美百科全书》.

上述数对中,第一个数表示树的直径所在的区间,第二个数表示区间中树木的株数.

令 $k=11$,用 (x_i, y_i) 对应表示上面的数对,则 $i=1,\cdots,k$. 我们从几个方面来整理这些数据,在这个过程中阐述数据整理的基本方法.

(一) 集中趋势

> 我们曾经在第五讲中讨论过平均数的优良性.

如果需要非常简洁地述说这 100 株树木的直径,应当如何表述呢?首先会想到用平均数,确实,平均数能表述数据的平均状态,能反映数据的集中程度. 一般来说,如果用 $a_1,\cdots,a_n$ 来表示 n 个数据,则平均数定义为

$$\mu(a)=\frac{a_1+a_2+\cdots+a_n}{n}.$$

现在考虑例(12.1),因为数据是分组的,那么,平均数为

$$\mu(x)=\frac{1}{100}(x_1\cdot y_1+x_2\cdot y_2+\cdots+x_k\cdot y_k)$$

$$=\frac{1}{100}(7\cdot 2+8\cdot 5+\cdots+17\cdot 3)$$

$$=\frac{1198}{100}$$

$$=11.98(\text{cm}),$$

也就是把所有的直径加起来,然后再除以株数. 令 $\omega_i=\frac{1}{100}y_i$,则 ω_i 表示第 i 个区间树木的株数在 100 株树中所占比例,即第 i 个区间树木出现的频率,其中 $i=1,\cdots,k$. 容易验证,平均数也可以用下面的公式计算:

$$\mu(x) = x_1 \cdot \omega_1 + x_2 \cdot \omega_2 + \cdots + x_k \cdot \omega_k, \quad (12.2)$$

称上式为加权平均,并称 ω_i 为权.注意到所有的权均为正数,并且满足 $\omega_1 + \cdots + \omega_k = 1$.我们将会看到,(12.2)所表示的加权平均是具有一般性的.

通常使用的、表示集中趋势的量还有两个:中位数和众数.中位数是指把数据由小到大排队后最中间的那个数.如果用 $a_{(1)} \leqslant \cdots \leqslant a_{(n)}$ 表示数据由小到大的排列,那么,中位数可以定义为

$$m(x) = \begin{cases} a_{\left(\frac{n+1}{2}\right)}, & \text{当 } n \text{ 为奇数}; \\ \frac{1}{2}\left(a_{\left(\frac{n}{2}\right)} + a_{\left(\frac{n}{2}+1\right)}\right), & \text{当 } n \text{ 为偶数}. \end{cases}$$

考虑例(12.1),树木直径的数据是由小到大排队的,而且数据的大小是比较对称的,容易得到中位数是12(cm).众数是指数据中出现频率最多的那个数,在这个例子中众数也是12(cm),因为它对应的株数是26,是最多的.

在例(12.1)中,平均数、中位数和众数三个数是相等的,这是为什么呢? 主要原因在于数据的对称性,我们将会看到对称的数据会给统计分析带来很多便利.如果数据偏重一侧,那么,这三个数就会产生差异,那么,在这个时候用哪个量表述集中趋势更好呢? 我们稍后讨论.

有了这些量,**不仅可以表述调查对象的集中趋势,还可以用来对不同的总体进行比较**.比如,我们又对另一片山林种植的同样品种的同期树苗进行调查,用同样方法得到平均数是 9 cm,那就可以得到初步的结论,前者好于后者.在这个结论下,就需要对土壤肥力、通风条件等等进行分

析,找出造成差异的原因.在中小学校的教学活动中,经常用考试的平均分来评价教学效果,其中的道理是一样的.

(二) 离中趋势

只是依赖集中趋势是不足以表述数据特征的,比如分析两个班的考试成绩,如果 A 班的平均分是 84,B 班是 80,就可以认为 A 班比 B 班好吗?有经验的教师知道,还应当分析班级中高分与低分的差异,如果 A 班学生的分数差异较大而 B 班的相对集中,就可以认为 B 班并不比 A 班差.我们称数据之间的差异为离中趋势,最简单的表述离中趋势的量是极差,这是数据中最大值与最小值的差,即

$$极差 = \max\{a_1, \cdots, a_n\} - \min\{a_1, \cdots, a_n\}.$$

▶ 为了更好地刻画现实背景,往往需要从不同的角度来分析问题.

极差虽然简单,但是没有考虑中间那些数据所提供的信息.在现代统计学中,经常使用方差来刻画数据的离中趋势.方差是数据与平均数差的平方和的平均数,即

$$S^2(a) = \frac{1}{n}[(a_1 - \mu(a))^2 + (a_2 - \mu(a))^2 + \cdots + (a_n - \mu(a))^2], \quad (12.3)$$

其中 $\mu(a)$ 表示平均数.对于树木直径的例子(12.1),因为数据是分组的,也可以这样计算:

$$\begin{aligned} S^2(x) &= (x_1 - \mu(x))^2 \omega_1 + (x_2 - \mu(x))^2 \omega_2 + \cdots \\ &\quad + (x_k - \mu(x))^2 \omega_k \quad (12.4) \\ &= (7 - 11.98)^2 \cdot \frac{2}{100} + (8 - 11.98)^2 \cdot \frac{5}{100} \\ &\quad + \cdots + (17 - 11.98)^2 \cdot \frac{3}{100} = 5.14. \end{aligned}$$

可以验证,(12.3)式与(12.4)式是等价的.但是

(12.4)中的公式是具有一般性的,因为**这是一个加权的形式,可以构成距离**(参见第五讲).

有了方差之后,就可以进一步分析两个班学生的考试成绩. 我们现在可以说,如果 A 班的平均分比 B 班高,方差又比 B 班小,则 A 班的考试要比 B 班好. 至于其他的情况,则需要更仔细的统计分析了.

（三）图形表示

借助直角坐标系,**可以作图直观地表述数值**. 还是用树木直径的例子,如图 12.2,在直角坐标系中分别以 x_i 为宽、以 y_i 为高作小矩形,这样就可以直观地看出在哪个区间的树木比较多,可以分析数据的取值规律,比如在图 12.2 中的数据呈现"中间多、两边少、基本对称"的趋势,通常称这样的图为直方图.

在图 12.2 中,我们还能比较清晰地判断出,有 50% 以上的树苗的直径是在 10.5 cm 到 13.5 cm 之间,这是很重要的信息,因为这个信息告诉了数据大体的取值范围.

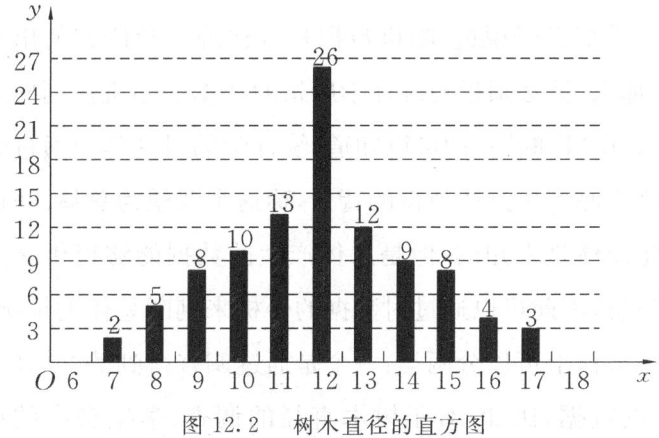

图 12.2　树木直径的直方图

但是，上面的数据整理和分析的方法并没有考虑数据的随机性，使用的仍然是确定性的数学方法，我们称这样的统计方法为**描述数据分析**.

随着日常生活和生产实践的需要，人们开始认识到必须认真地对待数据的随机性，这发端于14世纪后的航海保险、人寿保险等商业活动. 1384年，在意大利的佛罗伦萨诞生了第一份具有现代意义的保险单. 这是承保由法国南部的阿尔兹到意大利比萨的货物运输，保险单上有明确的保险责任，也有明确的保险金额. 发生航运事故显然是一个随机事件，保险金额的多少应当与这个随机事件发生的概率有关，而事件发生的概率又与船只、线路、季节等等因素有关，人们不可能列出确定性的方程或者方程组并求出确定性解，只能利用历史数据对将要发生的事情进行推断，这就需要建立一种与传统的数学完全不同的计算方法. 我们称这样的统计方法为**推断数据分析**.

> 传统的数学需要明确的定义和清晰的表达，在现实生活的许多问题中是不可能做到的.

（四）数据的随机性

我们已经说过，随机数据是现代统计学研究的出发点，那么，就必须指明统计学所指的数据的随机性到底是什么. 由"推断"一词可以知道，统计学的目的是要通过数据来推测产生这些数据的背景，**称这个背景为总体**. 我们假定总体是未知的，但是总体产生的数据能够提供必要的信息，因此可以通过对数据的分析来判断总体的情况. 数据大体上可以分两类：一个是通过调查得到的"已经存在"的数据，比如，对于树木直径的调查、学生身高的调查、对于市场价格的调查、对于政策满意度的调查等等，称这样的数据为**调查数据**；一个是通过实验得到的"人为制造"的数据，比如，药物的有效性与毒性实验、儿童智力发展实验、新型材料特性实验、火箭发动机寿命试验等等，称这样的数据为**实验数据**. 通过这些数据以及数据产生的背景可以看到，我们的目的是要从局部推断总体，从特殊描述一般，在调查或者实验之前，我们不可能知道数据的具体取值. 也就是说，数据可以取不同的值，并且取不同值的概率可以是不一样的，比如树木直径的例(12.1)，大概有 $\frac{1}{2}$ 的可能取值在 10.5 cm 到 12.5 cm 之间，因此数据是随机变量(参见第十一讲的讨论)，这也就是数据随机性的由来. 我们称这样的数据为**样本**，这就像我们描述一辆新款汽车一样，通过样本的解释是最有成效的. 统计学在样本与总体之间建立了最基本的假设：

样本是独立地来源于同一个总体.

这便是统计学中常说的样本的独立同分布. 在描述数据分析中，人们是通过平均数、中位数、众数、方差等量来进行统计分析的，这些量都是样本的函数，在统计学中把样本的函数称为统计量. **统计学研究的基础是样本，是通过构建统计量来进行研究的**.

因为数据是随机的，原则上，我们应当是在得到样本之后，再来推测总体的情况. 但是，人们也可以根据数据产生的背景和已有的知识(包括数学和概率)，**建立总体**

产生数据的模型,然后再通过样本来验证模型是否正确,估计模型中的参数,预测未来的发展,等等.

> 不仅是在统计学,在现代自然科学和社会科学的许多研究领域,人们都是通过建立模型来规范所研究的问题,寻找研究对象之间的关系,加深对所研究问题的理解.

三、统计学的思想和方法

下面我们讨论几个现代统计学中最为核心的思想和方法,从而大概地了解推断数据分析,了解人们是如何从描述数据分析过渡到推断数据分析的,特别是了解人们是如何来建立和分析模型的.

（一）二值模型

二值模型也被称做伯努利模型. 回忆上一讲讨论的摸球的例子(11.1),每次试验只可能有两个结果之一: 不是红球就是白球. 现在,我们一般地考虑只有两个结果的试验,称这两个结果为成功或者失败. 设成功的概率为 p,那么,失败的概率为 $q=1-p$. 用 x 表示随机变量,1 对应于成功,0 对应于失败,也就是

> 建立模型,则已经是我们在绪论中谈到的现象的第三个阶段了,因为模型具有普适性.

$$x=\begin{cases} 1, & 成功, \\ 0, & 失败, \end{cases}$$

并且有 $P\{x=1\}=p$ 和 $P\{x=0\}=q=1-p$. 可以看到,还有许多试验或者实验都可以归于这类模型,比如药物试验有无阳性反应、反导弹是否命中等等. 我们独立重复地做 n 次这样的试验,得到样本为 $x_1,\cdots,x_n$,令 $y=x_1+\cdots+x_n$ 表示 n 次试验中成功的次数,则 y 可以取 $0,1,\cdots,n$ 中任何一个数. 如果用 k 表示这个数,即

$$k \in \{0,1,\cdots,n\}, \tag{12.5}$$

那么,事件 $\{y=k\}$ 发生的概率是多少呢? 这个概率与二

项式系数有关,因为在 n 次试验中有 k 次成功,$n-k$ 次失败,其组合数恰是把二项式 $(p+q)^n$ 展开后的项 $p^k q^{n-k}$ 的系数,这个系数可以由杨辉三角形①得到(参见第七讲的讨论).事实上,如果用 C_n^k 表示这个系数,则可以得到递推公式

$$C_n^k = C_n^{k-1} \cdot \frac{n-k+1}{k},$$

由这个递推公式可以得到

$$C_n^k = \frac{n(n-1)\cdots(n-k+1)}{k!}. \tag{12.6}$$

这个工作是意大利数学家卡尔丹(Cardano,1501~1576)完成的,写在他去世后很久(1663 年)才出版的《机遇的博弈》这本书中.这样,我们可以得到

$$P\{y=k\} = C_n^k p^k q^{n-k}. \tag{12.7}$$

在统计学中称上面的随机变量取值的概率分布为**二项分布**.下面讨论如何利用这个分布来求概率 p 的估计.

首先考虑给出估计量的道理:既然得到的数据是 k,那么,概率的真值有较大的可能是使事件 $\{y=k\}$ 发生可能性达到最大的 p,也就是使(12.7)式达到最大的 p.这个原理已经成为统计学中最重要的准则之一,被称为**最大似然原理**,这样求出来的估计被称为**最大似然估计**.德国伟大的数学家高斯在 1821 年首先提出了这个想法,但是因为现代统计学的奠基人之一、英国统计学家费歇②

---

① 见:南宋数学家杨辉著.详解九章算术(1261).
② 罗那·费歇(RonaldA·Fisher,1890~1962),英国统计学家、遗传学家.他具有极高的天赋,创建了现代统计学的很多基础性成果,同时他是现代人类遗传学的创立者.

(Fisher,1890~1962)于 1912 年发表文章,进一步明确了这个估计方法,并讨论了这个估计的性质,因此,在许多教科书中把最大似然的发明归功于费歇.

现在我们针对二项分布进行具体的计算. 因为对数函数是一个单调函数,因此求(12.7)式最大值的问题等价于求函数

$$g(p) = k \ln p + (n-k) \ln q$$
$$= k \ln p + (n-k) \ln (1-p)$$

的最大值. 利用求导的方法,函数 $g(p)$ 对 p 求导,并令导函数为 0,可以得到

$$\frac{k}{p} - \frac{n-k}{1-p} = 0,$$

这样我们就可以得到使(12.7)式达到最大的解为 $\hat{p} = \frac{k}{n}$,这就是概率 p 的最大似然估计,这与上一讲例(11.1)中给出的估计是一致的. 通过这个例子可以看到,与数学的抽象一样,在数据分析中一些直观的方法可能是好的,但只有通过第二步抽象上升到一般,才可能进行严谨的讨论,从而给出合理的解释.

(二) 误差模型

误差模型是统计学最为基础的模型,也是最为重要的一类模型. 这种模型适用于满足下面三个条件的数据:

1. 无系统性误差,也就是说数据是随机得到的;
2. 数据之间是相互独立的;
3. 数据是来自同一个总体的. (12.8)

因为随机误差满足这三条,因此称这样的数据模型为**误差模型**. 辛普森(T. Simpson,1710~1761)、拉格朗

▶ 二值模型是取值为离散数据的随机变量的最基本模型;误差模型是取值为连续数据的随机变量的最基本模型.

第十二讲 统计学的发展

日、拉普拉斯都对这个模型进行了很深入的研究,但最终是高斯解决了这个问题.在 1809 年出版的高斯的名著《绕日天体运动理论》的最后面部分,给出了误差模型总体的分布,即满足上述三个条件的数据的取值规律,解决问题的基本思路如下.

假定对于真值为 μ 的物体进行测量,得到数据为 x,那么误差为 $x-\mu$,于是可以假定测量数据取值为 x 的概率为 $f(x-\mu)$,其中 f 是待定的、总体的密度函数.如果重复了 n 次测量,得到的样本为 $x_1,\cdots,x_n$,那么样本的联合概率就是

$$L(x;\mu) = f(x_1-\mu)\cdots f(x_n-\mu). \quad (12.9)$$

凭借直观,高斯设想,如果样本满足(12.8)中的三个条件,则样本的平均数 $\mu(x) = \dfrac{1}{n}(x_1+\cdots+x_n)$ 将是 μ 的最大似然估计,也就是 $\mu(x)$ 将使(12.9)式达到最大,即

$$\begin{aligned}L(x;\mu(x)) &= f(x_1-\mu(x))\cdots f(x_n-\mu(x))\\ &= \max L(x;\mu).\end{aligned} \quad (12.10)$$

利用求导的方法计算 $L(x;\mu)$ 的极大值,高斯得到:为使(12.10)式成立,只有

$$f(x-\mu) = \frac{1}{\sqrt{2\pi}\sigma}e^{-\frac{(x-\mu)^2}{2\sigma^2}}, \quad (12.11)$$

其中 $\sigma>0$ 是一个常数.这就是统计学中最重要的**正态分布**,通常记为 $N(\mu,\sigma^2)$.这个分布之所以重要,是因为(12.8)中的那三个条件简洁自然,几乎所有的随机变量标准化以后都能满足.因此,几乎所有随机变量的极限分布最终都与正态分布有关.为了纪念高斯,德国 10 马克纸币

◀ 在大学教科书中,通常是用更数学化的方法来推导正态分布的.高斯的推导利用了最大似然原理,虽然数学化不够,但是体现了统计直观.

上印有高斯的头像和正态分布的密度曲线.

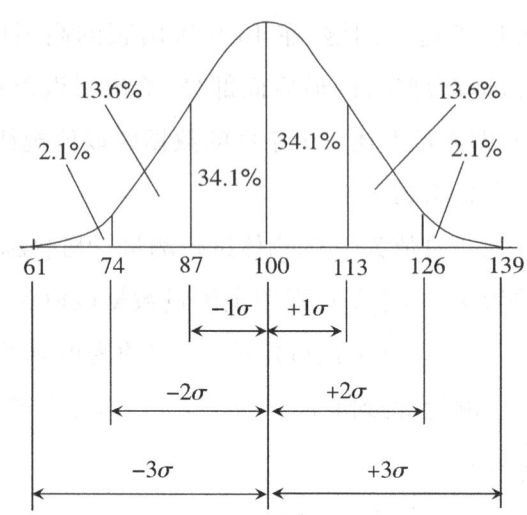

图 12.3 正态分布的密度曲线

由密度曲线可以看到,服从正态分布的随机变量取值概率以 μ 为对称,中间大两边小,呈现钟一样的形状. 可以看到 μ 和 σ^2 这两个参数在分布中起到重要作用,那么,这两个参数有什么直观意义呢?

资料图片

为了纪念高斯,德国 10 马克纸币上印有高斯的头像和正态分布的密度曲线.

第十二讲 统计学的发展

(三) 随机变量的均值

我们从(12.2)所示的加权平均开始讨论. 加权平均可以表述为

$$\text{加权平均} = \Sigma \text{ 随机变量取值} \times \text{取值的频率},$$

其中求和号 Σ 表示对随机变量所有可能取值求和. 因为频率是对概率的一种估计, 如果在上式中用概率替换频率, 则得到**随机变量的均值, 有时也称数学期望**[①]. 与加权平均的含义一样, 均值刻画了随机变量取值的平均状态. 我们用二项分布进行具体解释, 由(12.5)和(12.7)可以得到随机变量 Y 的均值为

◀ 随机变量的均值表达的是总体的平均状态, 样本均值刻画的是样本的平均状态. 通常用样本的均值来估计总体的均值. 这也等价于用频率来估计概率.

$$E(Y) = \sum_{k=0}^{n} k \cdot P\{y=k\} \qquad (12.12)$$

$$= \sum_{k=0}^{n} k \cdot C_n^k p^k q^{n-k}.$$

因为由(12.6)式可以得到 $kC_n^k = nC_{n-1}^{k-1}$, 我们进一步计算均值如下:

$$\sum_{k=0}^{n} k \cdot C_n^k p^k q^{n-k} = np \sum_{k=1}^{n} C_{n-1}^{k-1} p^{k-1} q^{n-k}$$

$$= np \sum_{m=0}^{n-1} (C_{n-1}^m p^m q^{n-1-m})$$

$$= np(p+q)^{n-1}$$

$$= np.$$

这样, 二项分布的均值就是 np. 回忆随机变量 y 的定义, 当 $y=k$ 时, 说明在 n 次重复试验中成功了 k 次. 从数据出发, 我们作这样的估计: 在做 n 次重复试验可以期望有

[①] 数学期望的概念最早出现在荷兰数学家惠更斯(Christiaan Huygens, 1629~1695)的著作《论赌博中的计算》(1657)中.

k 次成功,即 $n\hat{p}=k$,其中 $\hat{p}$ 为 p 的估计,这样就得到 $\hat{p}=\dfrac{k}{n}$,这与上一讲讨论的摸球的例子的结果是一致的.

下面给出一般的结果,为此,我们用大写字母 X 表示随机变量,用小写字母 x 表示随机变量具体的取值,用密度函数 $f(x;\theta)$ 表示随机变量 X 取值 x 的概率,其中 θ 为参数. 因为可以把积分看做求和的极限,则由(12.12)式可以得到均值的一般表示

> 积分号与求和号表达的意思是一样的,都是求和,只是积分号用于取值连续的变量.

$$E(X) = \int xf(x;\theta)\mathrm{d}x.$$

对于正态分布,计算上式可以得到 $E(X)=\mu$,这与我们对于图 12.2 的直观解释是一致的. 因此,高斯的计算方法,用样本的平均数 $\mu(x)$ 来估计 μ 也是有道理的.

(四) 回归模型

这是一种考虑随机变量之间关系的模型. 在日常生活和生产实践中,我们经常会感觉到一些变量之间是有关系的,但是又很难用函数把这样的关系表达清楚,比如,我们在第五讲讨论过的 GDP 与时间的关系,以及服药量与医疗效果之间的关系,遗传与疾病之间的关系,投入与产出之间的关系,等等. 这样的问题用传统的数学方法是很难解决的,因为数学研究的对象是确定性的.

> 在现实生活中,变量与变量之间的关系往往是不确定的,因此很难给出明确的数学表达.

英国遗传学家高尔登[①](Galton,1822~1911)为研究

---

① 弗朗西斯·高尔登(Francis Galton,1822~1911),英国统计学家、遗传学家,生物统计学派的创始人. 早年在剑桥大学学习医学,但医生的职业对他并无吸引力. 后来他接受了一笔遗产,这使他可以放弃从医的生涯,并于 1850~1852 年期间去非洲考察. 他所取得的成就使他在 1853 年获得英国皇家地理学会的金质奖章. 此后他研究过多种学科,包括气象学、心理学、社会学、教育学与指纹学等,但 1865 年后他的主要兴趣转向遗传学. 这也许与他的近亲表兄、《物种起源》的作者达尔文对他的影响有关.

子女的身高与双亲身高之间的关系,于1885年征得了205对夫妻与他们的938个成年子女的身高. 经过对数据的认真分析,高尔登发现,虽然有父母高儿女也高、父母矮儿女也矮的普遍趋势,但是在给定父母身高后,儿女的平均身高却"回归"到全体人的平均身高,他称这个为**普遍回归定律**,于1886年发表在他的论文《遗传结构中的趋中回归》中. 后来,另一位近代统计学的奠基人、英国统计学家 K. 皮尔逊[①](K. Pearson,1857~1936)证实了这个定律[②]. 如果用 x 和 y 分别表示父母和儿女的身高,那么,定律认为:在 x 给定条件下 y 的均值趋于一个常数,后来人们把这个条件均值称为**回归模型**. 特别是,当 x 与 y 服从二维正态分布时,这个条件均值是一个**线性关系**:

$$y = \alpha + \rho x, \qquad (12.13)$$

其中 ρ 被称为相关系数. 与均值和方差一样,相关系数也是一个很重要的数量指标. 可以用最小二乘法得到 α 和 ρ 的估计,详细的讨论可以回顾第五讲的关于(5.9)式的讨论.

受(12.13)式的启发,人们给出了一般的线性模型,有时也称线性回归模型:

---

① 皮尔逊(K. Pearson,1857~1936),英国统计学家,统计科学的奠基者. 1885年左右,他将统计与概率理论结合起来,研究基本的统计问题,求出了能通用的用来描述研究群体的数学公式,形成了较为系统的数学理论. 他把数学和统计学方法运用于生物问题,创建了生物统计学,且与高尔顿共同确定了心理问题的统计法为心理学的基本方法之一. 他对生物、行为和社会科学的研究作出了较重要的贡献. 他的座右铭"我们无知,因此让我们努力"是他人生的基本主题.

② K. Pearson and Lee, On the laws of inheritance in man: Inheritance of physical characters, Biometrika, 1903.

$$y = \alpha + \beta_1 x_1 + \cdots + \beta_k x_k + \varepsilon, \tag{12.14}$$

> 其中误差项是关键,因为没有了误差项,就是一个线性函数.误差包含两方面的内容:测量误差和模型误差.通常认为误差是正负抵消的,因此均值为零.

这个模型建立了变量 y 与 k 个变量 $x_1, \cdots, x_k$ 之间的线性关系,其中误差项 ε 是一个服从正态分布 $N(0, \sigma^2)$ 的随机变量.如果我们得到 n 组数据:

$$(y_1, x_{11}, \cdots, x_{k1})$$
$$(y_2, x_{12}, \cdots, x_{k2})$$
$$\cdots\cdots$$
$$(y_n, x_{1n}, \cdots, x_{kn})$$

那么,就可以通过数据得到参数 $\alpha, \beta_1, \cdots, \beta_k$ 以及 σ^2 的最小二乘估计.必须注意的是,这样的模型是研究变量之间的关系,那么,数据就必须是以"组"的形式出现,是不可以把组打乱的.

在现代统计学中,考虑随机变量之间的关系已经成为主要的研究领域.在线性回归模型的基础上,创造了广义线性模型、非线性模型、混合模型、时间序列等等,但是最为基础的想法和解决问题的方法还是来源于线性模型.

(五) 拟合优度检验

对于某一种疾病,我们知道 A 药的治愈率是 $pA = 0.7$,现在又研制出了一种新药 B,给 100 个患者服用,治愈 73 人,新药比旧药好吗?令 pB 表示 B 药的治愈率,则 pB 的最大似然估计是 0.73,因为 0.73>0.7 我们就可以认为新药好于旧药吗?研究这样问题必须慎重,因为旧药的安全性往往要高于新药,只有能够确定新药疗效真正好于旧药时才可以使用新药,因为估计是一个随机变量,这就促使我们必须考虑:这次 100 人的试验的结果是不是偶然的呢？如果新药并不比旧药好,试验结果大于等于 0.73 的可能性有多大呢？这类问题形成了推断数据分析的一个重要研究领域:**假设检验**. K. 皮尔逊 1900 年发表在《哲学杂志》上的论文奠定了这个领域的基本思想,他给出了**被称为拟合优度的检验统计量**.

我们从更一般的角度讨论 K. 皮尔逊的检验方法. 他先给出了现代统计学研究的基础,即总体的概念之后,考察一组样本 $x_1, \cdots, x_n$ 是否是来自某一个已知的总体 $F(x)$,比如某一个正态分布或者二项分布. 把样本可能取值的范围 (a,b) 划分成 k 个首尾相接的小区间,要求 $k < n$,比如,

$$(a, y_1), (y_1, y_2), \cdots, (y_{k-1}, b),$$

用 n_i 表示样本落在第 i 个区间的个数, $i = 1, \cdots, k$,用 p_i 表示总体 $F(x)$ 取值在第 i 个区间的概率. 如果这 n 个样本是来自这个总体,那么 np_i 就表示样本落在第 i 个区间的期望个数. 于是,K. 皮尔逊构造了检验统计量

$$X^2 = \frac{(n_i - np_i)^2}{np_i},$$

显然,如果这个数很大则可以认为样本不是来源于这个总体. K. 皮尔逊给出了这个统计量在假定来自总体 $F(x)$ 的取值分布,这就是大名鼎鼎的卡方分布,记为 $\chi^2(m)$,其中 m 表示自由参数的个数,被称为自由度,比如在我们现在的问题中 $m = k - 1$. 这种检验方法也被称为卡方检验.

可以看到,这个方法是非常重要的,这种方法构建了

数据与总体之间关系的桥梁,正如 C. R. 劳所说,"K. 皮尔逊是第一个试图沟通描述数据分析与推断数据分析的统计学家". 卡方检验甚至被誉为 20 世纪科学技术 20 个重要发明之一,这 20 个发明包括相对论、电视、计算机、抗生素等[1].

后来,在 20 世纪 30 年代美国统计学家内曼[2](Neyman,1894~1981)和 K. 皮尔逊的儿子 E. 皮尔逊[3](E. Pearson,1895~1980)发展了假设检验的严格的数学理论,给出了判别检验统计量好坏的标准. 基于检验,他们还给出了区间估计的思想与方法.

除上面提到的统计学最基本也是最重要的思想与方法之外,费歇还提出了充分统计量、相合估计、方差分析等一系列思想与方法. 澳大利亚统计学家皮特曼[4](Pitman,1897~1993)提出的非参数方法优化准则、美国统计学家沃尔德[5](Wald,1902~1950)提出的统计决策理论都对推动现代统计学的发展起到了积极的作用.

统计学只是在近代才成为一门重要的学科. 随着各个学科领域研究的不断深入,人们越来越感觉到数据分

---

[1] Hacking Ian. Trial by Numbers, Science, 1984.

[2] 内曼(Jerzy Neyman,1894~1981),1894 年 4 月 16 日生于俄国宾杰里;1981 年 8 月 5 日卒于美国伯克利,统计学家. 1917~1921 年在乌克兰哈尔科夫理工学院任讲师. 1921 年到波兰深造,曾师从于谢尔品斯基等数学家. 1923 年在华沙大学获博士学位. 1938 年成为美国伯克利加利福尼大学数学教授,他是美国、法国、波兰、瑞典等国家的多个科学团体的成员. 假设检验的统计理论的创始人之一.

[3] E. 皮尔逊(Egon Pearson,1895~1980),与内曼合著《统计假设试验理论》,发展了假设检验的数学理论.

[4] 皮特曼(E. J. G. Pitman,1897~1993),澳大利亚统计学家.

[5] 沃尔德(Abraham Wald,1902~1950),美国统计学家. 和许多统计学家一样,在第二次世界大战时也处理了战争相关问题. 他发明的一些统计方法在战时被视为军事机密.

第十二讲 统计学的发展

析的重要,而计算机技术与信息科学的快速发展又为这种需要提供了可能性,于是,统计学应用的领域越来越广泛,特别是在生物学、医学、信息科学、材料科学、经济金融等领域的应用前景十分广泛.事实上,统计学并没有固定的研究对象,统计学的研究依赖于数据以及数据产生的背景.那么,什么是"数据"呢?这是一个最为基本也是最难回答的问题.现代统计学涉猎的领域如此广泛,几千年来人们对于数据的理解就没有发生变化吗?

我想,我们是否可以这样来理解数据:数据是信息的载体,这个载体包括数,也包括言语、信号、图像,凡是能够承载事物信息的东西都构成数据,而统计学就是通过这些载体来提取信息进行分析的科学和艺术.

人名索引

注：按照名字第一个字母出现的前后排序排列，中国人按照姓名的汉语拼音顺序排列．

A．

Achenwall,G. 高特里特·阿亨瓦尔,1719～1772,德国统计学家． ……… 150

Archimedes,阿基米德,约公元前 287～前 212,古希腊数学家、物理学家、发明家． ……… 40

Argand,J.R. 阿尔冈,1768～1822,瑞士数学家． ……… 123

Aristotle(Greek: ριστοτλη Aristotéles),亚里士多德,公元前 384～前 322,古希腊哲学家、科学家,形式逻辑的奠基人． ……… 39

Augustine,St. 圣奥古斯丁,354～430,罗马帝国非洲领地希波主教． ……… 21

B．

Bacon,Francis,培根,1561～1626,英国哲学家、科学家． ……… 64

Barrow,Isaac,巴罗,1630～1677,英国数学家、物理学家． ……… 66

Bayes,Thomas,贝叶斯,1702～1763,英国数学家． ……… 139

Bernoulli,Daniel,丹尼尔·伯努利,1700～1782,约翰·伯努利之子,瑞士数学家． ……… 94

Bernoulli,Jacob,雅各布·伯努利,1654～1705,瑞士数学家． ……… 140

Bouvet,Joachim,鲍威特(又名白晋),1656～1730,法国耶稣士会牧师． ……… 131

Bernoulli,Johann,约翰·伯努利,1667～1748,雅各布之弟,瑞士数学家． ……… 94

Bombelli,Raphael,庞贝利,1526～1572,意大利数学家． ……… 49

Brahe,Tycho,第谷·布拉赫,1546～1601,丹麦天文学家． ……… 152

Brahmagupta,婆罗摩笈多,约 598～约 665,印度天文学家、数学家． ……… 30

C．

Cantor,Georg,康托,1845～1918,德国数学家． ……… 46

Cardano,Gerolamo,卡尔丹,又译卡当,或卡尔达诺,1501～1576,意大利数学家． ……… 116

Cauchy,Augustin-Louis,柯西,1789～1857,法国数学家、力学家． ……… 84

陈景润,1933～1996,中国科学院院士,中国现代数学家． ……… 20

人名索引

Cohen, Paul Joseph, 柯恩, 1934~ , 美国现代数学家. ………………………… 113

Copernicus, Nicolaus, 哥白尼, 1473~1543, 波兰天文学家. ………………… 65

Courant, Richard, 柯朗, 1888~1972, 德国数学家. …………………………… 51

D.

D'Alembert, Jean le Rond, 达兰贝尔, 1717~1783, 法国数学家. …………… 84

Dedekind, Julius Wilhelm Richard, 戴德金, 1831~1916, 德国数学家. …… 100

Descartes, Rene, 笛卡儿, 1596~1650, 法国哲学家、物理学家、数学家、生理学家. ………………… 50

Demokritos, 德谟克里特, 约公元前460~前370, 古希腊哲学家、教育家. …… 129

Diophantus of Alexandria, 丢番图, 约公元250年前后, 古希腊数学家. …… 41

E.

Engels, Friedrich, 恩格斯, 1820~1895, 德国社会主义理论家及作家, 马克思主义的创始人之一. ………………………………………………………… 2

Euclid of Alexandria, 欧几里得, 约公元前330~约前275, 古希腊数学家. … 19

Euler, Leonhard, 欧拉, 1707~1783, 瑞士数学家、天文学家、物理学家. … 27

Einstein, Albert, 爱因斯坦, 1879~1955, 德裔美国科学家. ………………… 126

F.

Fermat, Pierre Simon de, 费马, 1601~1665, 法国数学家. ………………… 42

Fibonacci, 又叫 Leonardo of Pisa, 斐波那契, 约1170~1250, 意大利数学家. … 10

Fields, John, 菲尔兹, 1863~1932, 加拿大数学家、数学教育家.

Fisher, RonaldA, 费歇, 1890~1962, 英国统计学家、遗传学家. …………… 163

Frankel, Adolf Abraham Halevi, 弗兰克尔, 1891~1965, 德国数学家. …… 113

G.

Galilei, Galileo, 伽利略, 1564~1642, 意大利物理学家、天文学家和哲学家. … 66

Galton, Francis, 高尔登, 1822~1911, 英国统计学家、遗传学家. ………… 168

Gauss, Johann Carl Friedrich, 高斯, 1777~1855, 德国数学家. …………… 119

Goldbach, Christian, 哥德巴赫, 1690~1764, 德国数学家. ………………… 20

Grandi, Luigi Guido, 格兰迪, 1671~1742, 意大利数学家. ………………… 83

Graunt, John, 格朗特, 1620~1674, 英国的政治算术学派的代表人物. …… 154

H.

Halley, Edmond, 哈雷, 1656~1742, 英国天文学家和数学家. ……………… 155

Hamilton, W. R. , 哈密顿, 1805～1865, 英国数学家、物理学家、力学家. ……………… 126

Helmholtz, Hermannvon, 亥姆霍兹, 1821～1894, 德国物理学家、生理学家. ……… 28

Herodotus of Halicarnassus, 希罗多德, 约公元前 484～前 425, 古希腊历史学家. ……… 14

Heron of Alexandria, 海伦, 公元 1 世纪左右, 希腊数学家、力学家、机械学家. ……… 41

Hermite, Charles, 埃尔米特, 1822～1901, 法国数学家. …………………………… 45

Hilbert, David, 希尔伯特, 1862～1943, 德国数学家. ………………………………… 46

华罗庚, 1910～1985, 中国现代数学家、中国科学院院士. ……………………………… 23

Huillier, Simon L′, 惠利尔, 活动在 1786 年左右, 瑞士数学家. ……………………… 79

Huygens, christiaan, 惠更斯, 1629～1695, 荷兰数学家. ……………………………… 167

K.

Kant, Immanuel, 康德, 1724～1804, 德国哲学家. …………………………………… 2

Kepler, Johannes, 开普勒, 1571～1630, 德国天文学家. ……………………………… 65

Kline, M. 克莱因, M. l908～ , 美国数学史家、数学教育家与应用数学家. ………… 47

Kronecker, Leopold, 克罗内克, 1823～1891, 德国数学家. …………………………… 12

Kolmogorov, A. N. , 柯尔莫哥洛夫, 1903～1987, 苏联数学家. ……………………… 136

孔子, 公元前 551 年～前 479 年, 名丘, 字仲尼, 中国春秋战国时期鲁国人, 大思想家、教育家. ……………………………………………………………………… 130

L.

Lagrange, Joseph-Louis, 拉格朗日, 1736～1813, 法国力学家、数学家. ……………… 77

Laplace, Pierre-Simon, marquisde, 拉普拉斯, 1749～1827, 法国数学家和天文学家. ……… 11

Lebesgue, Henri Lon, 勒贝格, 1875～1941, 法国数学家. …………………………… 29

Leibniz, Gottfried Wilhelm, 莱布尼茨, 1646～1716, 德国近代哲学的始祖, 数学家和自然科学家. …………………………………………………………………… 26

Leucippus 或 Leukippos(希腊文 Λεκιππο), 留基伯, 约公元前 500～约前 440 年, 古希腊唯物主义哲学家. ……………………………………………………………… 129

李文林, 1942 年出生, 中国科学院数学研究所研究员. ………………………………… 16

刘徽, 生于公元 250 年左右, 中国三国后期魏国人, 古代杰出数学家. ……………… 34

Lindemann, Carl Louis Ferdinand von, 林德曼, 1852～1939, 德国数学家. ………… 45

Liouville, Joseph, 柳维尔, 1809～1882, 法国数学家. ………………………………… 45

人名索引

M.

Marx, Karl, 马克思, 1818~1883, 德国哲学家、革命理论家、经济学家, 马克思主义的创始人. ……………………………………………………………………………… 11

Moivre, Abraham De, 棣莫弗, 1667~1754, 法国裔英国籍数学家. …………… 124

N.

Newcomb, Simon, 纽克姆(也译为纽康), 1835~1909, 美国天文学家. ……… 44

Newton, Isaac, 牛顿, 1642~1727, 英国科学家. ……………………………… 65

Neyman, Jerzy, 内曼, 1894~1981, 美国统计学家. …………………………… 172

O.

Osho, 奥修, 1931~1990, 原名巴关·席瑞·罗杰尼希, 印度现代最有影响力的思想大师之一. ……………………………………………………………………………… 10

P.

潘承洞, 1934~1997, 中国现代数学家, 中国科学院院士. …………………… 23

Pascal, Blaise, 帕斯卡, 1623~1662, 法国数学家、物理学家及思想家. …… 66

Peano, Giuseppe, 皮亚诺, 1858~1932, 意大利数学家、逻辑学家. ………… 27

Pearson, Egon E., 皮尔逊, 1895~1980, 美国统计学家. ……………………… 172

Pearson, K. K., 皮尔逊, 1857~1936, 英国统计学家. ………………………… 169

Petty, W., 威廉·配第, 1623~1687, 英国经济学家. ………………………… 155

Pitman, E. J. G., 皮特曼, 1897~1993, 澳大利亚统计学家. ………………… 172

Plato(希腊语 Πλάτων), 柏拉图, 公元前 427~前 347, 古希腊哲学家. …… 2

Poincare, Jules Henri, 彭加勒, 1854~1912, 法国数学家、物理学家. ……… 26

Ptolemaeus, Claudius 英文 Ptolemy, 托勒密, 约 90~168, 古希腊地理学家、天文学家、数学家. ……………………………………………………………………… 17

Pythagoras, 毕达哥拉斯, 公元前 580~约前 500, 古希腊哲学家、数学家、天文学家. ……………………………………………………………………………… 20

Q.

秦九韶, 1202~1261, 字道古, 中国南宋数学家. ……………………………… 9

R.

Rao, C. R. C. R. 劳, 1920~ , 印度裔美国人, 当代国际最著名的统计学家之一. ……………………………………………………………………………… 153

Riemann, Georg Friedrich Bernhard, 黎曼, 1826~1866, 德国数学家. ……… 86

数学思想概论

Russell, Bertrand, 罗素, 1872～1970, 英国著名哲学家、数学家、逻辑学家. ……………… 21

S.

Shakespeare, William, 威廉·莎士比亚, 1564～1616, 英国戏剧家、诗人. ……………… 64

Sinclair J., 辛克莱, 英国人, 1791～1799 年间首次使用统计(statistics)一词. ……………… 150

Stevin, Simon, 斯蒂芬, 1548～1620, 荷兰数学家、工程师、物理学家. ……………… 44

T.

Tao, Terence, 陶哲轩, 1975～, 澳大利亚籍华人, 加利福尼亚大学洛杉矶分校教授. …………… 24

V.

Viete, Francois, seigneurdeLa Bigotiere, 韦达, 1540～1603, 法国数学家. ……………… 33

W.

Wald, Abraham, 沃尔德, 1902～1950, 美国统计学家. ……………… 172

王元, 1930～, 中国现代数学家, 中国科学院院士. ……………… 23

Weierstrass, Karl WilhelmTheodor, 魏尔斯特拉斯, 1815～1897, 德国数学家. ……………… 80

Wiles, Sir Andrew John, 怀尔斯, 1953～, 英国当代数学家. ……………… 43

WU, Wentsun, 吴文俊, 1919 年 5 月 12 日生, 数学家, 中国科学院院士. ……………… 11

X.

项武义, 1938～, 美籍华人, 美国加州大学伯克莱分校教授. ……………… 26

Y.

杨辉, 字谦光, 钱塘(今杭州)人, 生卒年份不详, 中国南宋时期的数学家和数学教育家. …… 81

Z.

Zermelo, Ernst Friedrich Fer-dinand, 策梅罗, 1871～1953, 德国数学家. ……………… 113

赵爽, 字君卿, 中国东汉末至三国时代人, 生活于 3 世纪初, 数学家. ……………… 38

祖冲之, 429～500, 中国南北朝时期的历法学家、数学家. ……………… 40